基于多播的群通信问题研究

杨 明 著

上海交通大学出版社

内容提要

　　本书内容是基于多播(multicast)技术的群通信相关技术。全书共分为五章,包括基于多播的组通信技术、多播路由选择算法研究、分层多播拥塞控制、基于秘密共享的多播密钥管理研究和基于环结构的应用层多播研究,系统地从网络层、传输层和应用层介绍了基于多播技术的组通信面临的主要问题,针对其中一些问题,深入介绍了作者多年的研究方法和成果。

　　本书适用于通信与信息相关专业的学生和教师学习参考。

图书在版编目(CIP)数据

基于多播的群通信问题研究/杨明著. —上海:上海交通大学出版社,2019
ISBN 978-7-313-22892-5

Ⅰ.①基… Ⅱ.①杨… Ⅲ.①集群通信系统—研究 Ⅳ.①TN914

中国版本图书馆 CIP 数据核字(2020)第 021641 号

基于多播的群通信问题研究
JIYU DUOBO DE QUNTONGXIN WENTI YANJIU

著　　者:杨　明
出版发行:上海交通大学出版社　　　　　　地　　址:上海市番禺路 951 号
邮政编码:200030　　　　　　　　　　　　电　　话:021-64071208
印　　制:当纳利(上海)信息技术有限公司　经　　销:全国新华书店
开　　本:710mm×1000mm　1/16　　　　　印　　张:12.25
字　　数:217 千字
版　　次:2019 年 12 月第 1 版　　　　　　印　　次:2019 年 12 第 1 次印刷
书　　号:ISBN 978-7-313-22892-5
定　　价:59.00 元

前　言

随着网络技术的迅猛发展,以互联网技术为主导的数据通信在通信业务总量中的比例迅速上升,基于互联网的多媒体通信服务成为其中发展最为迅速、竞争最为激烈的领域。互联网的传输和处理能力大幅提高,加之视频压缩技术的发展和成熟,使得网上应用业务越来越多,网上视频业务(如视频点播、可视电话、视频会议等)成为互联网最重要的业务之一。和一般业务相比,网上视频业务有参与者多、数据量大、时延敏感性强、持续时间长等特点,因此需要采用不同于传统单播、广播机制的转发技术及 QoS 服务保证机制来实现,而多播技术是解决这些问题的关键技术。

多播是一种允许一个应用向包含多个接收者的群组高效传送同一数据的通信方式,多播的优点在于当向多个不同的接收者传递数据时,发送方只需发送一份数据,由网络完成发往不同接收者数据的复制和转发。和使用单播和广播来实现多点通信的方法相比,多播能减少发送方的传送负担、节省网络资源的消耗以及降低传输时延。对网络带宽资源消耗量大和有大规模用户参与的组应用来说,多播无疑是理想的多点通信方式。

基于多播组应用大致可以分为三类:点对多点应用、多点对点应用和多点对多点应用。点对多点应用是指一个发送者,多个接收者的应用形式,这是最常见的多播应用形式,典型的应用包括媒体推送、信息缓存、事件通知和状态监视等。多点对点应用是指多个发送者,一个接收者的应用形式,典型应用包括资源查找、数据收集、网络竞拍等。多点对多点应用是指多个发送者和多个接收者的应用形式,在这种应用形式中,每个接收者可以接收多个发送者发送的数据,每个发送者可以把数据发送给多个接收者,典型应用包括多点视频会议、资源同步、远程学习、分布式交互模拟等。

和点对点应用相比,基于多点通信的组应用面临更多更复杂的问题,组应用通常涉及数量众多、位置各不相同的参与者,他们的通信或服务需要涉及不同的网络,构建连接各个组节点的分发网络无疑更为困难。通常组应用中的成员具有动态性,组成员可以随时加入或离开,这种动态性极大增加了维护组多点分发路由转发树的难度。要在互联网上推广和普及多播应用必须解决多播拥塞控制问题。和较为成熟单播的拥塞控制相比,多播拥塞控制将会面临更多的挑战,网络资源是有限的和共享的,TCP 为单播应用提供了良好的拥塞控制机制,而多播应用多基于UDP 协议,缺乏有效的拥塞控制,这就需要解决单播与多播间资源分配与公平性问题。多播应用可能涉及众多的接收者,众多的接收者可能会产生大量的状态信息和反馈信息,这些信息的处理可能会造成网络资源的紧张和端主机处理的巨大压力,造成性能的急剧下降甚至系统瘫痪,这就形成多播技术中需要重点解决的可扩缩性问题。尽管 IP 多播模型包括了组的开放性,成员可以很方便地加入或离开,但在实际商业应用中,还需要提供成员访问控制和安全组通信。和单播相比,由于多播会话发起是公开的,多播地址也是公开熟知的,IP 多播更容易收到安全攻击。攻击造成的影响和损失也较单播大。为此需要借助密码技术提供各种安全服务,组密钥管理也成为安全多播通信的一个核心问题。

多播技术又分为 IP 多播和应用层多播两种方式,IP 多播是网络层多播,由网络中具有多播功能的路由器负责分发路由、复制数据及转发。应用层多播则将组成员管理、报文复制和数据分发等由终端主机来实现,而在网络层仍采用单播进行数据传输。一直以来,IP 多播具有网络传输效率高的优点,但 IP 多播的实现需要部署新的具有多播功能的路由器,必须对现有的网络做底层的改变,这就更加限制和阻碍了 IP 多播应用的大规模开展。应用层多播可以充分利用节点的存储能力,应用层多播的实现不需要网络中路由器提供任何特殊支持,有效地降低了部署的代价和难度,因而操作方便、易于广泛部署,成为当前条件下实现多播较为现实可行的方式。目前,应用层多播的研究主要集中在如何解决应用层多播的可扩缩性问题上。由于应用层多播是端系统多播,因此应用层多播协议还需要考虑应用系统的可生存性,系统的可生存性包括系统的可靠性、抗攻击性和可用性等。尽管基于树结构的应用层多播具有良好的可扩缩性和传输效率,但在可生存性上依然有许多问题有待解决。

由于本人水平有限,书中难免存在疏漏和不足的地方,希望读者朋友提出宝贵意见。

杨明

2019 年 7 月于南京

目 录

第 1 章

基于多播的组通信技术

随着网络技术的发展和普及,网络应用和服务也越来越多,有一类基于组通信 (group communication)的应用,如媒体广播、媒体推送、信息缓存、多方会议、资源同步、数据收集、网络竞拍、远程学习、讨论组、分布式交互仿真(DIS)等,这类应用的一个基本特点是通信不仅仅局限为两方通信,而是基于多个发送方或接收方的通信。网络的基本通信信道包括点对点信道和广播信道,点对点信道实现一对一的通信,而广播通信可实现一对多的通信。利用网络协议的控制,可通过不同类型的通信信道实现不同类型的通信,从而形成不同类型的通信方式。尽管同一网络应用可由不同的通信方式加以实现,但由于不同通信方式有不同的通信特点,导致在诸如通信效率、开销、服务质量等方面存在很大差异。

对于上述的组通信应用,可以通过点对点的通信方式加以实现,如图 1-1 所示,向多个接收者发送数据时,源节点必须复制同一数据发送到不同的接收者,在这种情况下,同一数据可能多次经过相同的链路,无疑浪费了网络的带宽资源。

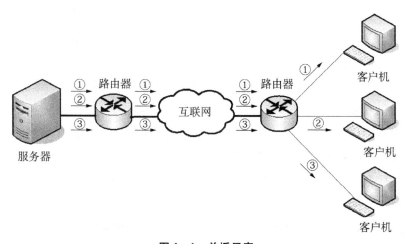

图 1-1　单播示意

多播(multicast)是一种允许一个应用向包含多个接收者的群组高效传送同一数据的通信方式,多播的优点在于当发送方向多个不同的接收者传递数据时,发送方只需发送一份数据,由网络完成数据的复制并转发往不同接收者(如图 1-2 所示)。与使用单播和广播来实现多点通信的方法相比,多播能减少发方的传送负担、节省网络资源的消耗以及降低传输时延。对网络带宽资源紧张的网络和有大规模用户参与的分布式应用来说,多播无疑是理想的多点通信方式。

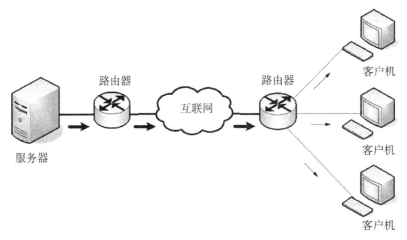

图 1-2　多播示意

多播通信可以在网络的不同分层中加以实现,在数据链路层,基于广播信道的以太网很容易实现多播通信;在网络层,基于 IP 多播路由协议、组管理协议,在多播路由器的支持,可实现 IP 数据包的多播传输;有效降低了部署的代价和难度,也可在应用层实现多播通信,节点间通过覆盖网(overlay networks)来实现多播传输中的数据复制和转发。

近年来,随着高速网络技术和多媒体技术的发展,多播得到了迅速的发展。多播通信以其能够有效地节约带宽和发送方资源等特点,成为目前网络领域研究和应用的热点。多播的一个重要应用是针对组的多媒体通信(如视频点播和视频会议等)。使用多播进行实时连续媒体传输已成为音频/视频广播、音频/视频会议工具等许多 Internet 应用的重要组成部分。多播骨干网 MBone(multicast backbone)[1]是建立在 Internet 之上的具有 IP 多播能力的虚拟覆盖网,在过去十年中,随着 MBone 的迅速发展,在 Internet 上提供多播传输服务已逐渐成为现实。

1.1　IP 多播

IP 多播是局域网多播技术向以 TCP/IP 为基础的 Internet 所作的扩展。IP 多播允许 IP 主机发送的多播数据报同时传送到多个主机,而这种多播数据报与普通的 IP 数据报的区别仅在于它的目的地址是 D 类 IP 地址。IP 多播在今后的 Internet 上起突出的作用,因为 IP 多播将允许应用开发者们"在对现有网络不作太多影响的情况下使网络增加许多功能",如果要使 Internet 变得更加富有弹性,它将是必不可少的技术。

1.1.1　IP 多播模型

IP 多播是将一个 IP 数据报传送给一个特定的主机组的过程。标准的 IP 多播模型由 Deering[2] 提出,IP 多播模型包括以下几方面。

(1) 主机组的概念:一个由 D 类 IP 地址标识的包含多个网络主机的组,主机组将由主机组地址唯一标识。不同的组通过组号码来标识,D 类地址的最高 4 位为 1110,其余 28 位为组号码。其中,从 224.0.0.1 到 224.0.0.255 的组地址为永久组地址,被保留供路由协议和其他一些维护协议使用。其余的从 224.0.1.0 到 239.255.255.255 的地址则为临时组地址供不同的组使用。

(2) IP 形式的语义:一个源能在任何时候发送多播数据包,无需对发送过程进行登记或预约。IP 多播应用将基于 UDP 协议,因此多播数据报将采用"尽力传送"的方式传往主机组中的所有主机。

(3) 组的开放性:任何主机均可向主机组发送数据包,发送者只需知道多播组的地址。发送者无须了解组成员情况,也无须是多播组成员。一个多播组可以有多个发送源。

(4) 组的动态性:一个主机组中的成员可以动态变化,即主机可以随时加入和离开主机组。主机组对组成员的位置或数量没有任何限制,一个主机可同时加入多个主机组。

IP 多播模型采用基于接收者主动(receiver-initiated)的结构。发送源向一个多播组发送数据就如同它向单个接收者发送数据一样,不同的只是将用多播组地址代替单个主机地址。每个接收者加入或离开多播组将不影响组内的其他组成员,也不影响到向多播组发送数据的发送源多播路由协议负责将多播数据报转发给组内的所有成员。发送源无须知道多播组中成员的情况,发送源还可以不是多播组成员。这种结构使得即使向成员数很多的大多播组发送数据也十分容易,换句话说,这种结构有很好的可扩缩性(scalability)。

为在广域网范围内实现多播,需要一个机制来实现跟踪主机组的成员动态变化情况,并负责将多播数据报由本网络转发到其他包含该组成员的网络中。IP 多播的实现机制分为两部分:本地机制和全局机制。

本地机制将实现跟踪一个局域网范围内组成员的动态变化,同时负责将多播数据报正确地传送到局域网内的组成员中。在每个局域网中,至少有一个多播路由器,它将跟踪本地机组的成员动亦态化情况、并负责将多播数据由本地多播路由器转发到其他网络。多播组成员的加入/离开的动态变化过程,需要由一个称为互联网组管理协议(internet group management protocol, IGMP)[3] 来进行管理。

对于全局多播传送机制需要一个连接广域网范围内的路由机制,在这个机制下,多播路由器将构建连接从源到多播组所有成员的转发树。多播数据报将从源(根)出发沿着多播分发树传往各接收成员。多播分发树的建立需要通过多播路由协议根据多播路由选择算法和网络状态信息建立。

1.1.2　互联网组管理协议 IGMP

IP 多播使用因特网组管理协议 IGMP 进行多播组成员管理。IGMP 协议负责建立本地网络主机的多播组,本地主机使用 IGMP 协议向多播路由器报告他们所加入的多播组。IP 多播路由器则使用 IGMP 协议了解与之连接物理网络中的多播组成员,并跟踪网络中组成员变化情况。

多播组成员管理工作可分为两个阶段,第一阶段用于主机申明加入某个多播组。当某个主机加入新的多播组时,该主机应向多播组的多播地址发送一个 IGMP 报文,声明自己要成为该组的成员。本地的多播路由器收到 IGMP 报文后,还要利用多播路由选择协议把这种组成员关系转发给因特网上的其他多播路由器。第二阶段用于检测多播组是否还有成员存在。本地多播路由器要周期性地探询本地局域网上的主机,以便知道这些主机是否还继续是组的成员。当多播路由器认为本网络上的主机已经都离开了这个组,就不再把这个组的成员关系转发给其他的多播路由器,多播路由协议会根据该信息动态调整多播路由树。

IGMP 协议提供了一种适合共享信道局域网的多播组管理机制,因为组管理主要是跟踪组中是否还有成员,事实上,IGMP 通过一种软状态(soft state)技术有效避免了多播控制信息给网络增加的巨大开销。IGMP 协议已经历了不同的进化过程,IGMP 的最新版本是 IGMP V3[4],它由 RFC3376 定义。在 IGMP 中,本地多播路由器定期向相应的多播组发 IGMP 查询来了解在与它相连的子网中是否还有组成员。组内成员收到查询后,使用一种延时发送抑制技术来发回 IGMP 报告,如果本地多播路由器经过多次查询后仍未收到任何主机报告,则认为该多播组已不存在任何成员。当一个主机要加入一个多播组时,它通过发送一定数量 IGMP 报告向本地的多播路由器登记加入某个多播组,以减少加入时延。对于主机的离开,只需停止发送任何 IGMP 报告。

1.1.3　Internet 多播路由协议

多播路由选择算法与单播路由选择算法有一些相似之处。为了优化多播流量传输路径且使数据包能够到达所有多播组成员,多播路由选择实际上就是要找出以源主机为根节点的、能连通所有多播组成员的多播转发树。在多播转发树上,每一个多播路由器向树的叶节点方向转发数据包。不难看出,不同的多播组对应于不同的多播转发树。同一个多播组,对不同的源节点也会有不同的多播转发树。由于多播成员的动态性,当多播转发树上的某个多播路由器发现其通向叶节点方向的树枝已没有多播组成员,就应对这些下游的树枝进行剪除,以动态优化多播转发树。

通常采用两种方法来确定多播路由转发树,一种是为每个发送方构建一棵基于源的树;另一种是为组中的所有发送方构建一棵组共享树作为该多播组的路由转发树。构建基于源的多播转发树时,基本方法是洪泛与剪枝,为避免在树的构建中形成环路,通常采用反向路径转发(reverse path forwarding, RPF)算法来使所有节点既能收到数据包,又能抑制数据包副本的无效传播。为改变针对每个源建立一多播树所带来的路由表过大、缺乏可扩缩性的缺点,采用基于核心树算法来建立一个组共享多播树,任何向多播组发送的多播数据包都将通过同一棵组共享分发树传送到每个组成员。

目前还没有在整个因特网范围内使用的多播路由协议,下面是一些建议使用的多播路由选择协议。

(1) 距离向量多播路由选择协议(distance vector multicast routing protocol, DVMRP)[5]是 Internet 上的第一个多播路由协议,目前广泛用于多播骨干网络 MBone,MBone 是 Internet 之上虚拟网络,它通过隧道技术将具有多播能力的路由器连成个虚拟网络。DVMRP 协议采用 RPF 算法来为每个(组、源)建立一棵以源为根的、包含连接所有组成员的最短路径多播转发树。

(2) 开放最短路径优先的多播扩展(multicast open shortest path first, MOSPF)[6]是第 2 版 OSPF 协议的多播路由扩展协议。MOSPF 路由器使用 IGMP 协议跟踪与之相连的子网内组成员的变化情况,然后通过广播一种新的 OSPF 链路状态来建立包括组成员信息数据库,MOSPF 路由器采用 Dijkstra 最短路由算法来计算以源节点为根的最短路径树,并使用 groupmember-LSA 所提供的信息剪去不通向包含组成员子网的最短路径树分支。

(3) 基于核心的转发树(core based tree,CBT)[7-8]。为改变针对每个源建立一多播树所带来的路由表过大、缺乏可扩缩性的缺点,CBT 协议采用基于核心树算法来建立一个组共享多播树,任何向多播组发送的多播数据报都将通过同一棵组共享分发树传送到每个组成员。使用 CBT 协议的每个多播组将选出一个核心节点,并由该核心路由器(core router)负责建立组共享树。当 CBT 多播路由器通过 IGMP 协议发现有新的本地主机希望加入该多播组,该路由器通过最短路径向该多播组的核心发送加入请求。在该加入请求被确认后,加入请求经过的路径将被连入组共享树。最终,CBT 将建立一棵双向的、不存在环路的、连接各组节点的共享树。使用 CBT 树转发多播数据包是十分直接的,收到一个多播数据包时,只需向除收到数据包的分支外的所有分支转发即可。CBT 协议有着良好的可扩缩性,特别适合作为具有众多组、组内有个发送源环境下的多播路由协议。但由于组内的所有源均使用相同的组分发树,将可能导致通信量会过于集中于某些链路,或在核心路由器周围链路形成拥塞。

(4) 协议无关多播(protocol-independent multicast,PIM)[9]协议。PIM 并不关心单播路由表的建立方法,PIM 协议有两种模式:稠密模式(DM)和稀疏模式(SM)。PIM - DM 和 DVMRP 类似,也使用"广播剪枝"的方法来建立路由树,广播算法采用反向路径转发算法 RPF,它们的主要区别是 PM 使用现有的单播路由表来检查 RPF,而 DVMRP 则拥有自己的路由表。PIM - SM 主要用于稀疏模式,它将针对组建立共享树。组节点在加入时需向聚合点(RPs)发送加入请求,共享树将根据这个请求建立连接该组节点的新多播树。这样的共享树并不针对源进行时延优化,并且当源向组发送多播数据包时,多播数据包将新传送到聚合点,然后由聚合点通过共享分发树传送到各组接收者。PIM 协议也有一些问题仍待解决,如 DM 和 SM 的互操作、RP 的选择、共享树到基于源多播树转化的准则等。

1.2　应用层多播

多播技术又分为 IP 多播和应用层多播(application layer multicast)[10-11]两种方式,IP 多播是网络层多播,由网络中具有多播功能的路由器负责分发路由、复制数据及转发。一直以来,IP 多播被认为是一种最有效的用来实现数据分发的方法,但是经过 10 余年的研究探索,研究人员发现 IP 多播并非一个完美的群组通信方案,它自身存在着许多难以解决的问题[12],使得 IP 多播至今并没有得到广泛的应用。

(1) IP 多播要求路由器为每个多播组保留状态信息,每个多播组的地址信息要被添加到路由器的路由转发表中,这就大大增加了路由设计的复杂度和服务过载,影响了可扩展性。

(2) IP 多播应用传输基于 UDP 协议,提供的是一种尽力而为的服务,在可靠传输、拥塞控制等方面存在着的许多问题,虽然已经提出了一些机制,如 SRM[13]和 RMTP[14]协议来为 IP 多播实现可靠传输,MTCP[15]和 PGMCC[16]实现拥塞控制,但这些机制在广域网中是否有效还不是很清楚。

(3) IP 多播打破了传统的基于"输入流"的计量机制,目前,对多播流量还没有提出很好的计费机制,这就使得许多因特网服务提供商不愿意提供对 IP 多播服务的支持。

(4) IP 多播的实现需要配制具有多播功能的路由器,必须对现有的网络做底层的改变,这就更加限制和阻碍了 IP 多播应用的大规模开展。

出于上述考虑,最近一些研究人员开始讨论,网络层是否是实现多播功能的最佳分层,他们试图绕过网络层中的种种困难来实现多播功能。应用层多播就是在这种背景下被提出来的。应用层多播又称为端系统多播(end system multicast),主要思想是将多播功能(如组成员管理、报文复制和数据分发等)都由终端主机来实现,而在网络层仍采用单播进行数据传输。

应用层多播可以充分利用节点的存储能力,有效地避免和解决了 IP 多播在拥塞控制、可靠传输等方面存在的问题,并且能够提供端到端的服务质量保证。另外,应用层多播的实现不需要网络中路由器提供任何特殊支持,有效地降低了部署的代价和难度,因而操作方便、易于广泛部署,成为当前条件下实现多播较为现实可行的方式。

应用层多播的基本思想是屏蔽底层物理网络的拓扑细节,将多播组成员组织成一个逻辑覆盖网络,并在应用层提供多播路由协议和维护网络,为数据传输提供高效、可靠的服务。与 IP 多播不同,应用层多播将所有多播功能都完全集成在主机中,由应用层软件具体实现。图 1-3[17]中给出了应用层多播与单播以及传统的网络层多播数据传输方式的区别。如图 1-3 所示,主机 A 为发送源,主机 B、C、D 为接收者。图 1-3(a)是单播方式下的数据传输路径,发送源与每个接收者之间都建立一条单独的数据传输路径,可以看到靠近发送源的链路上出现了大量的数据传输冗余(图中的链路会传输 3 份相同的数据),容易造成链路拥塞。图 1-3(b)所显示的是 IP 多播,报文根据需要由路由器进行复制,在每条链路上只存在一个数据拷贝,可有效地避免冗余传输,节省网络带宽。图 1-3(c)所描述的是应用层多播,它将所有多播功能实现于终端主机,在网络层仍采用单播传输数据,它在链路上的数据传输也存在一定的冗余,高于 IP 多播,但其不需要任何的网络底层改变,也可以实现比较有效的多播传输。可以看出,应用层多播具有以下几个直观的优点。

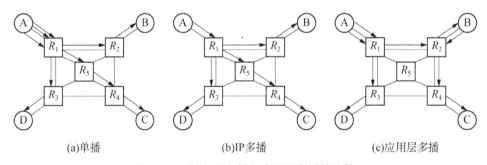

(a)单播   (b)IP多播   (c)应用层多播

图 1-3 单播、IP 多播和应用层多播的比较

(1) 实现简单、容易,由于其实现于应用层,因此可完全由软件来实现,具有较强的灵活性。

(2) 对底层网络的依赖性很小,多播组的状态信息只由组中成员来保存,不需要改变现有的网络架构。

(3) 简化了对高层功能的支持,由于直接使用成熟的单播技术,可以简单地实现对高层功能的支持,如可靠性、拥塞控制、流量控制和安全管理等。

但是与 IP 多播相比,应用层多播也有它的局限。

(1) 应用层多播将多播功能实现于应用层,具体的数据传输仍然由传统的 IP

单播机制来实现,由于路由器不提供任何特殊的支持,不可避免数据在同一条物理链路上重复分发,这样将导致协议的效率不及 IP 多播。

（2）应用层多播通过端系统来复制和转发数据,端系统对底层网络资源的了解有限,选取的逻辑链路优化困难。

（3）应用层多播中的负责复制和转发数据的是端系统,相对于 IP 多播中负责复制转发的路由器,端系统频繁的加入退出将直接影响到数据转发的可靠性,数据交付率明显不如 IP 多播。

应用层多播的效率较差,应用层多播缺少具有多播功能的路由器的支持,其数据复制及转发由终端主机来实现,这必然导致其效率不如 IP 多播,而且在每条链路上会存在一些数据的冗余,占用较多的网络资源。另外,应用层多播提出的时间不长,相关技术还处于相对不成熟的阶段。

1.3　群通信与安全面临的问题

1.3.1　多播路由选择算法

由于多播路由是根据多播转发树进行路由的,因此如果能够找到费用最小的多播树,多播路由问题就得到了解决。寻找费用最小的多播树可以概括为寻找给定节点集的最小生成树,这就是 Steiner 最小树问题。

Steiner 最小树问题最早被作为一个数学问题提出,是经典的组合优化问题。Steiner 最小树问题经历了较长时间的发展,最终才形成完整的定义。早在 1634 年,法国数学家 Fermat 提出这样一个问题:假设在平面上有 a,b,c 三个点,怎样寻找第四个点 P,使得点 P 到点 a,b,c 的距离之和最小。这个问题后来被称为 Fermat 问题。19 世纪初,瑞士数学家 Steiner 将 Fermat 问题推广为假设在平面上有 a_1,a_2,$\cdots$,a_n 这 $n(n>3)$ 个点,怎样寻找一个点 P,使得点 P 到这 n 个点的距离之和最小。

图的 Steiner 树问题是求图中连接给定顶点集合最小代价生成树的问题。当 $n=1$ 时,图的 Steiner 树问题就变为两点间最短路径问题;而当 n 包含为图中所有节点数时,图的 Steiner 树问题就变为图的最小生成树问题。因此,图中两点间最短路径和图的最小生成树问题都是图的 Steiner 树问题的特例,尽管图最短路径和图最小生成树问题都有非常高效的多项式时间算法,但 1972 年,Karp[18] 证明了图的 Steiner 树问题是一个 NP 完全问题,即迄今为止还没有找到求解图 Steiner 树问题的多项式时间算法。

路由选择算法是路由协议中生成转发路由的关键,路由选择的质量关系网络传输的效率和快慢,而选择算法复杂性,又影响路由生成与更新的快慢。由于图的 Steiner 树问题是 NP 完全问题,因此选择最优的多播路由算法较单播和广播路由算法更为复杂。

多播路由选择算法需要以下一些问题。

(1) 图的 Steiner 树问题的近似解法:由于 NP 完全问题的难解性,目前更为可行的方法是寻找近似最优解的多项式时间算法。

(2) 图 Steiner 树的动态更新算法:与传统的图 Steiner 树问题不同,随着多播组成员的加入或离开,多播转发树不是一成不变的,需要根据实际情况进行动态变化。每次进行多播转发树的重新计算会导致计算代价和对多播应用干扰过大而不可行,因此需要考虑对现有 Steiner 树的动态更新。

(3) 满足特定限制条件的 Steiner 树问题的近似算法:多播适合用于在网络中传输多媒体应用数据,而多媒体应用大多有诸如时延、时延抖动等多种限制因素,为此需要考虑有限制条件的 Steiner 树问题的近似算法。

1.3.2　多播拥塞控制面临的问题

网络拥塞会导致高丢失率、大的端到端时延,缺乏控制的网络拥塞甚至会拥塞内陷(congestion collapse),导致网络吞吐量随着网络负荷的增加急剧下降。增加网络资源提高网络的供给和服务能力并不是解决网络拥塞的最佳办法。如果出现网络拥塞得不到及时的恢复和控制,会导致网络塌陷或死锁。

为了解决网络拥塞问题,Internet 在传输控制协议 TCP 中采用端到端的拥塞控制,TCP 协议使用的一种基于窗口的闭环拥塞控制方法,其核心是极为有效的和式增加/乘式递减(AIMD)算法。AIMD 算法具有流量控制有效、实现简单、资源利用高效以及高稳定性等诸多优点,这些优点使得 TCP 的拥塞控制获得巨大的成功。1987 年后,TCP 还采用了 Jacobson[19] 提出的慢启动和拥塞避免机制,更有效地改善和加强了 TCP 的拥塞控制体系。当然,TCP 拥塞控制的成功还依赖于 TCP 已成为普遍使用的标准,这就无形中达成了一种相互协作的默契。

然而,随着音频/视频流应用(如 Internet 音频广播、IP 电话、视频会议广播和其他类似实时应用)的持续增加,由于这些应用大多是基于数据报协议 UDP 的高带宽应用,缺乏类似 TCP 的、必要的拥塞控制协议,不仅会直接影响和威胁到 TCP 流正常使用,还将极大增加网络拥塞的可能性。多播作为一种能有效节省网络资源的多点传输方式逐渐受到重视,随着 IP 多播模型的提出和多播骨干网 MBone 的出现,许多基于 IP 多播(如 vic、vat 等)的应用在 Internet 的使用越来越多。同样,由于大多 IP 多播应用是基于 UDP 协议的,在传输层也没有拥塞控制机制。显然,Internet 中大量出现的 UDP 应用可能导致对 TCP 应用的极端不公平性,更严重甚至是网络内陷的危险。和点对点的单播应用相比,多播应用设计的范围要宽广得多,因此如果由它导致的拥塞影响的范围就大,正是由于这种担心,许多网络管理者都选择关闭多播功能。缺乏必要有效的拥塞控制机制已成为制约 IP 多播大规模普及的重要因素之一。

要在 Internet 推广和普及多播应用首先必须解决多播拥塞控制问题。和单播的拥塞控制相比,多播拥塞控制将更为复杂,会面临更多的问题。

(1) 单播与多播间资源分配:目前,如何在单播和多播间进行资源分配还存在争论。一种较为保守的方法是在资源共享时将多播流等同于单播流;另一种看法是针对多播流的用户数对多播流予以一定的偏重。由于 Internet 中的大多数路由器均采用先来先服务 FCFS 调度策略,如何在资源分配上实现单播与多播的区分服务还很困难。

(2) 公平性原则:公平性主要考虑各种流均能获得某种可被接受的合理的共享资源。目前寻找能被广泛接受的公平性原则仍是一个难题,公平性和效率往往存在矛盾,此外,公平性原则还受到是否可行、实现复杂性、资源效率等因素的影响。日益增加的优先服务、区分服务等应用更增加了公平性原则选择和实现的难度。多播应用的引入也加剧这种复杂性,如多播的分层会导致对公平性的影响,多播间的用户会产生特有的用户间公平性问题。

(3) 可扩缩性:多播应用可能涉及众多的接收者,特别是在 Internet 上进行的连续媒体的广播,众多的接收者可能会产生大量的状态信息和反馈信息,这些信息的处理可能会造成网络资源的紧张和端主机处理的巨大压力,造成性能的急剧下降甚至系统瘫痪。

(4) 往返时延 RTT 估计:RTT 是端到端拥塞控制体系中的一个重要参数,单播应用通过确认 ACK 能简单地完成往返时延估计,但由于多播存在众多的接收者,众多的反馈会导致内陷问题,加之收方和发方之间缺乏同步时钟,这使 RTT 估计变得很困难。

（5）平滑的速率调节：在许多实时连续媒体流应用中，对速率变化过大对回放质量影响很大。分层多播的速率调节粒度为分层大小，当分层粒度过大或速率变化过快，都会影响应用的效果。

（6）leave 时延问题：分层多播拥塞控制中对拥塞的响应是通过组成员发出 leave 请求进行的，因此拥塞响应的速度取决于互联网组管理协议 IGMP V2 和 IGMP V3 中 leave 的实现机制。遗憾的是，在现有的 IGMP 协议中，由于不保存组成员信息，多播路由器在停止转发多播数据之前必须通过多次轮询来确认是否还有其他的有效成员存在，而在轮询时间内路由器并不停止转发多播数据，因此这种较长的轮询时延会导致拥塞响应慢，造成对拥塞响应迅速的 TCP 流的不公平性。

1.3.3　多播可靠传输问题

尽管连续媒体的传输冗余无须 100% 的可靠性，但过大的丢失率会导致回放性能的严重退化，因此，也需要有相应的差错控制机制。在多播环境中，有三种差错控制方法：基于重传的 ARQ 方法、纯前向纠错（forward error correction，FEC）方法和混合 FEC/ARQ 方法。

1. 基于 ARQ 的差错控制方法

基于重传的 ARQ 方法是数据可靠传输最常用、最简单的方法，然而，由于一般连续媒体在传输中大都有实时性要求，采用基于发方的重传恢复往往难于保证严格的时延要求。因此通常认为基于重传的差错控制方法不适合连续媒体的多播，但在最近的一些研究表明这一观点还有待讨论，支持观点认为通过重传改善音频和视频的传输质量是可能的，因此在回放允许的时限内应尽可能地使用重传恢复。为尽可能降低恢复时延，重传不再采用基于发方的重传而使用局部恢复技术，即重传恢复可由正确接收的接收者以单播或多播的形式进行，多播重传的范围可采用多播范围控制进行限制。

在连续媒体传输的传输过程中，发方需要收方的反馈信息来了解网络状态和传输情况，以便进行相应的处理和控制。其中一个最重要的反馈信息是包丢失情况，它是进行速率控制和差错控制的重要信息。然而，随着接收者的增多，反馈控制必须解决可扩缩性问题。

根据丢失检测的实体，反馈控制分为发方主动（sender-initiated）机制和收方主动机制。发方主动机制由收方发回确认 ACK,发方负责控制丢失检测,因此发方为每个接受者维持和处理相关的状态信息。对于接收者多的情况,发方必须处理大量的 ACKs,同时这些 ACKs 可能引起发方邻近链路的拥塞和大量的包丢失。收方主动机制由每个接收者负责丢失检测,当收方检测到丢失以某种形式发回丢失确认 NAK,因此,该机制由每个接收者负责维护自身的状态信息。

Towsley[20] 比较了基于发方主动和收方主动的可靠多播协议,基于收方主动的协议较基于发方主动的协议有更好的可扩缩性。

尽管基于收方主动的机制有更好的可扩缩性,但反馈控制策略仍要考虑反馈内陷(feedback implosion)问题,因为在多播环境中,发生在共享链路上的丢失会导致大量的相关丢失,造成发方处理积压甚至瘫痪。避免反馈内陷问题的解决方案有以下 4 种。

(1) 基于概率多播的方案[21]:采用概率机制选择性地控制反馈信息的产生,接收者以给定的概率响应发方的请求。通过对接收者响应概率的设置,可有效控制反馈的产生,然而,该方案也存在不能及时获得反馈和当组大小未知时如何设置响应概率的难题。

(2) 基于定时器的方案[22]:这是一种随机延迟响应方案,每个接接收者在发回反馈之前,先启动一个随机延迟定时器,在定时期间若收到相同的反馈信息则取消自己的反馈信息,否则定时器超时则发出反馈信息。显然,定时参数的选择很关键,太小不利于消除内陷问题;太大则响应不及时。

(3) 基于结构的方案:该方案将所有接收者按某种结构组织起来,通过将反馈信息在结构内部聚合、归并后来避免反馈内陷问题。组织结构的实现方式有很多,Hofmann[23] 提出了将多播组分为局部组(local group)的概念,反馈的处理在局部组内部由组控制器(group coltroller)集中处理。RMTP[24] 协议则采用基于树结构的方式由指定接收者(designated receiver)负责集中和处理反馈和局部恢复(见图 1-4)。

(4) 基于探查的方案[25]:该方案综合概率多播方法、随机实验响应和扩展环搜索技术以一种可扩缩的方式获取反馈信息。

2. 基于 FEC 差错控制方法

FEC 技术的基本思想是通过增加冗余信息使传输一次获得成功。由于存在冗余信息以及在恢复包丢失方面的高难度和额外开销,FEC 技术在数据可靠传输中没有太大的吸引力。但随着计算机处理能力的提高,软件的 FEC 编码/解码已

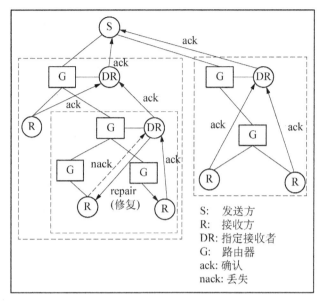

图 1-4　基于树结构的反馈控制方案

达到了可接受的程度；此外由于连续媒体严格的传输时延限制，使得对 FEC 技术的研究又受到重视。

优先级编码传输（PET）[26]是一个使用 FEC 技术的视频传输系统，它允许说明连续媒体流中每个分组的优先级，PET 根据优先级产生不同数量的冗余量。

3. 基于混合 FEC/ARQ 的差错控制方法

使用 FEC 方法的最大难题在于如何针对变化的网络情况选择恰到好处的冗余量。为克服这个问题，可采用混合 FEC/ARQ 方法，混合 FEC/ARQ 包括以下两种类型。

Ⅰ型（D+P…D）[27]：在传输数据 D 时使用 FEC 附带传送一定数量的冗余数据 P，如果收方检测到丢失，则使用 ARQ 重传丢失数据 D 进行恢复。使用这种方法，可使大多数的接收方有很大的概率无须重传。这对连续媒体的传输很有吸引力。

Ⅱ型（D…P）[28]：首先传输不含任何冗余数据 D，丢失发生时，采用重传 FEC 校验数据 P 进行恢复。使用这种方法，对恢复多播通信中的不相关丢失十分有效。

1.3.4　多播的安全问题

随着计算机和网络技术的发展,以及对多播技术研究的深入,多播的应用也越来越广泛,尤其在虚拟会议、网络辅助协同工作、多媒体实时点播、网络游戏等方面有着很广阔的应用前景。这些多播应用对多播的安全性能提出了要求。在虚拟会议中,通常需要确保会议内容的保密性,并且在必要时能够对发言人的身份进行认证;在多媒体实时点播中,要确保只有付费用户才能看到节目内容。

无论是因特网服务提供商还是信息或媒体提供商对多播都满怀希望,对于这些商业应用来说,投资必须能够获得收益,然而目前对于多播这种新的多点通信方式还缺乏相应的完善机制,如安全机制来保证投资商获得基本的收益。事实上,安全问题已成为 IP 多播无法大规模普及应用的主要障碍之一。和单播相比,IP 多播更容易收到安全攻击。首先多播会话发起是公开的,多播地址也是公开熟知的;其次,存在许多可以截获多播通信的机会,如多播路由器。此外,由于多播涉及众多的参与者,攻击者易于假冒合法成员进行攻击,攻击造成的影响和损失也较单播大。

现阶段对安全多播的要求主要集中在保密性和认证这两个方面。提供保密性的基本方法是所有多播组成员共享一个不为组外成员所知的组密钥,所有组内的通信都通过这个密钥进行加密和解密。如何安全地分发、更新组密钥是多播安全研究中的一个重要问题。此外,消息认证和源认证作为多播应用的瓶颈问题,也成为安全多播研究的一个热点。

1. 多播的安全需求

IP 多播模型原本不打算提供安全的多播,但允许在它上面附加额外的安全机制和服务来提供方便安全多播能力。这种将安全与多播模型分解开来的作法使得不同的安全模型和结构不至于影响多播分发树,同时这种分解策略对具有不同安全需求的不同应用也是相当重要的。

多播的安全需求一般可以归纳为如下几点[29-30]。

(1) 组成员的访问控制:能够允许和拒绝某些用户加入多播组。

(2) 保密性:只有拥有组密钥的用户才能解读多播报文的内容,组外用户无法知道多播组的通信内容。

(3) 组成员认证:非组成员无法生成有效的认证信息,进而无法冒充组成员发送多播报文。

（4）多播组认证：能够确保非组成员无法向多播组发送数据。

（5）源认证：组成员无法生成其他组成员的认证信息，进而无法冒充其他组成员发送多播报文。

（6）匿名性：为组成员提供匿名发言的机制。也就是说，接收方无法从接收到的多播报文推断出发送方的身份。

（7）完整性：提供验证收到的多播报文是否被篡改的手段。

（8）多播安全策略：直接与多播安全关联的策略包括密钥分发、访问控制、共享密钥的更新、某些密钥泄露时采取的措施等。

对于一个多播组来说，它的一些应用特点对这个多播组要采用的安全体系结构有着极大的影响，具体来说有以下一些因素。

（1）多播应用类型：多播的应用类型有一对多和多对多，前者的例子如股票信息发布、手机短信订阅等，他们的共性是只有一个发送者，其余都是接收者；后者的例子更多，如视频会议、计算机系统协同工作等，其共性是每个用户既可以是信息的发送者同时也可以是信息的接收者。

（2）多播组的规模：一些小规模的多播组（企业内部网络应用）可能只有几十个参与者；在虚拟课堂中可能有几千个参与者；而在一个广播应用中可能有几百万个参与者。规模直接影响了多播安全机制的制定。

（3）多播组成员的计算能力：是不是所有的组成员都有相似的计算能力，或者组成员之间的计算能力有较大的差距，这是在制定多播安全机制时必须弄清楚的因素之一。

（4）多播组成员的变化速率：是静态的（多播组成员不发生变化或变化频率较慢）还是动态的（多播组成员变化频率较快）。如果是动态的，那么组成员是只有加入或离开，还是既有加入又有离开，加入和离开的频率是多少。正是这种成员的行为（频繁的离开或者加入）是组规模变化的直接因素。

（5）多播组存活的时间：多播组在某个时间段有效还是永远有效。如视频会议只可能存活于某个时间段等。

（6）发送者的数量和类型：是只有一个发送者还是又多个发送者，是不是少数的发送者承担了大多数的发送任务。

（7）多播通信数据的类型和数据量：数据量是大还是小，是否要求实时传输，对数据传输的延时又有什么要求。

（8）可扩展性：可扩展性是指确保组成员变动时，多播组的整体性能没有受到太大的影响的一种机制。一般地,可扩展性几乎影响到网络的所有层面,涉及多播组密钥的分发、更新等有关安全策略的管理等多方面的因素。

2. 多播组成员的存取控制

组成员存取控制决定多播数据包组成员是否能收到多播资料,多播成员的加入或离开管理是由多播组管理 IGMP 协议进行管理,由于现有多播模型的开放性,每个成员均能通过 IGMP 协议加入任何一个多播组,尽管可以通过加密多播数据来限制非授权用户获得信息,但加密数据的非法流出不但会导致安全隐患,还会浪费大量的网络带宽。因此有必要考虑多播组成员的存取控制问题。

目前,多播存取控制是通过授权户的列表以及其他针对存取控制服务器的一些组安全策略来实现的。Hardjono 等[31] 提出一种通过传递存取令牌来进行 IGMP 鉴别的方法,授权服务器为授权组员提供存取令牌,为路由器提供类似存取控制列表(ACL)的令牌列表。路由器只为符合令牌列表的 IGMP 请求提供多播数据转发。Ballardie 等[32] 提出一个接收方只有在获得授权后才能在加入组之新的 IGMP 协议。Judge 等[33] 提出一个称为 GOTHIC 的多播存取控制方案,主机首先向存取控制服务器请求获得存取权限,这种权限是基于身份验证的,并且有时间限制。然后将加入请求发送给多播路由器。多播路由器只有在身份认证和权限检验通过后,才接收加入请求。

3. 多播的鉴别

鉴别问题是信息安全中的重要组成部分,对于多播通信来说,鉴别问题变得更为复杂。由于现有多播模型的开放性,数据源的认证问题成为多播鉴别必须解决的问题。使用数据签名是进行鉴别的基本方法,然而鉴于数字签名及签名验证的计算开销很大,使得对多播的每个数据包都进行签名来进行数据源的鉴别方法变得不切实际。

为了有效鉴别数据流,Gennaro 等[34] 提出了一种将数据包串联在一起进行鉴别的包链方法[8]。Wong 等[35] 则提出将数据包流分割为不同的部分,组成树结构来执行鉴别的树链方法。鉴于包链和树链鉴别方法都对包丢失很敏感,Griffin 等[36] 提出了一种能有效抵御突发性包丢失的基于散列函数鉴别方案。Rohatgi 等[37] 提出一种同时使用公开密钥数字签名和单向函数的混合签名方案。

为了加快鉴别的速度,也出现了使用消息鉴别码 MAC 的鉴别方案。

Canetti[38]提出一种使用一组 MAC 密钥的鉴别方案。每个组成员拥有部分 MAC 密钥,并通过这些密钥进行相应的鉴别。Perrig[158]提出一种基于 MAC 的多播鉴别方案 TESLA,该方案对包丢失不敏感。其主要思想是首先发送方和接收方进行时间同步,发送方使用一个自己知道的密钥 K 对其所发送的每一个数据包计算消息认证码 MAC,并将 MAC 值附加在消息上发送给接收方。接收方缓存没有被认证的数据包,一定的时间间隔后,发送方在其所发送的资料包中公开其用来加密的密钥 K 使得接收方能够认证所缓存的未经认证资料包。这种方法无论在认证计算量和网络通信流量方面都是数字签名所不能比拟的。

4. 组密钥管理

目前,多播密钥管理的研究比较关注前后向安全、可伸缩性以及可靠性等方面的问题,我们将在后续章节中对组密钥的管理问题做进一步的探讨和研究。

密钥管理是指在一种安全策略指导下密钥的产生、存储、分配、更新、撤销、归档及应用,包括处理密钥自产生到最终销毁的整个过程中的有关问题。密钥管理的目的就是维持系统中各通信实体之间的密钥关系,以抗击各种可能的威胁,如密钥泄漏、未经授权的使用等。

由此可见,密钥管理对于开放网络环境下的安全通信具有决定性的作用,安全群组通信系统中组密钥管理机制的研究是最为复杂、最具有挑战性的工作。

组密钥管理作为安全多播的核心问题,是 IETF 多播安全工作组倡导的研究方向之一。尽管目前提出了一些可扩缩多播秘密管理协议,但这些方案需要大量的加解密计算、多次密钥传输及多密钥存储管理,增加了管理的负担和协议的复杂性;对密钥管理中的安全性、可靠性等问题还缺乏深入研究,特别是缺乏抵御针对组密钥管理攻击的研究;对多对多及少对多组密钥管理的研究还处于初级阶段,均有许多问题有待解决。

在安全多播应用中,多播源作为信息发送方,为了将信息安全地发送到所有合法的组成员,在发送之前需要将信息进行加密处理,然后再进行多播传送;合法组成员收到报文后进行相应的解密,得到原始多播信息。考虑到计算和通信等开销,这种加密算法和加密密钥应为所有合法的组成员共享,因此在进行信息发送之前,多播源和多播组中的其他成员必须通过某种途径获取一个组密钥,用于信息的加密与解密。组密钥的有效、安全传输是安全多播通信的实现基础。组密钥的引入实现了多播通信的安全与效率并重,但多播组成员的动态性(成员可随意加入或离开多播组)又产生了新的问题,即由成员关系变化所带来的后向安全性和前向安全性。所谓后向安全性是指新加入成员不能访问以前的通信内容,前向安全性是指离开成员不能继续访问后续的通信内容。为满足这两种安全性需求,在成员加入或离开多播组时需要进行密钥更新。密钥更新的频率和效率将直接影响安全多播的实现。因而有效密钥更新机制的研究,成为多播安全中一个非常值得关注的问题。

鉴于多播密钥管理在安全多播通信的重要地位,近年来,对多播密钥管理机制和协议的研究受到了很多关注和重视,一直是研究的热点。多播密钥管理的核心问题是提供良好的可扩缩性(scalability)。多播安全中的可扩缩性是指在提供安全通信服务时随着组成员规模的扩大、地域跨度的增大,因服务开销和负担加剧导致的系统的性能总体的下降程度。具体对于多播密钥管理来说,要考虑多播组的大小规模和组的动态变化在密钥分发、密钥更新时系统的性能变化情况。对因组成员动态变化而导致的密钥更新是多播密钥管理中的关键问题。由于单个组成员的加入或离开都可能导致所有组成员执行密钥更新,导致所谓的"1 affect n"的可扩缩性问题。除了可扩缩性外,多播密钥管理还要考虑与多播路由协议的独立性、分发/更新的可靠性、完整性和完全性等问题。

1.3.5　应用层多播存在的问题

相对于 IP 多播,应用层多播存在着许多自身的不足。首先,应用层多播缺少具有多播功能的路由器的支持,其数据复制及转发由终端主机来实现,这必然导致其效率不如 IP 多播,而且在每条链路上会存在一些数据的冗余,占用较多的网络资源;其次,应用层多播提出的时间比较短,相关技术还处于相对不成熟的阶段,虽然目前已经提出了一些应用层多播协议,但是还不能很好地支持大规模的多播应用。

作为应用层多播的核心内容,一个完整的应用层多播协议需要解决以下一些问题。

(1) 控制拓扑和数据拓扑的构建:在协议的初始化阶段,协议应该保证所有的组成员能够以分布式的方式构建成一个具有良好的可扩缩性和连通性的控制拓扑结构,同时还要能够构建一个传输效率较高的数据拓扑。

(2) 控制拓扑和数据拓扑的维护:在协议的运行阶段,协议需要建立一些机制来维护前面构建的控制拓扑和数据拓扑,以保证协议的正常运行。

(3) 数据的分发:在多播数据传输过程中,协议应该保证数据能够在组成员之间高效地进行传输,并且具有较高的可靠性。

(4)成员管理:成员的加入和离开是多播服务中最基本的操作,协议中应该有机制来处理成员的加入和离开多播组的操作。

(5)异常处理和恢复:在出现异常情况下,如节点失效或者链路失效等,协议应该有机制来检测异常,并尽快解决异常,恢复多播服务,最好在出现异常时,能够提供一些最基本的数据传输服务,而不至于中断多播服务。

协议在完成上述基本任务的同时,还要兼顾一些性能指标,如协议的可扩缩性、成员的自组织、结构的自适应调整以及协议的效率等。

另外,大量出现的多播应用还对多播的可生存性提出了要求,在一些对可生存性要求较高的应用中,即使短时间的业务中断也会产生严重的影响。如何防止业务中断或者在中断不可避免时将业务的损失降至最低已经成为一个极为关键的问题。

可生存性是 Barnes 等于 1993 年提出的,实际上是指系统提供基本服务的能力,即系统在面临攻击、失效和偶然事件的情况下仍然能够按照需求及时完成任务的能力,它是通过保护和恢复方案来实现的。和传统的单播网络系统相比,多播网络由于涉及大量的参与者而变得更为复杂,导致多播网络系统的可生存性保障面临更多的问题和挑战,特别是应用层多播,在可生存性方面的研究还非常少。目前的应用层多播网络可生存性系统面临着许多有待研究和解决的问题,这些问题包括:

(1)应用层多播没有使用多播路由器,而是将多播功能实现于终端主机,终端主机的稳定性和安全性较多播路由器差。

(2)基于树结构的应用层多播可靠性较差,缺乏有效的可靠传输机制,数据备份和恢复困难,单点失效影响大。

(3)应用层多播除了一般的软、硬件故障外,更容易遭到来自内部的攻击,针对内部攻击如内部欺骗、合谋攻击、Byzantine 攻击还缺乏有效的检测、预防和控制方法。

(4)现有的基于树结构的应用层多播难以实现数据加密,密钥管理过于复杂。

因此,要想将应用层多播技术运用于实际当中,就必须解决应用层多播中存在的问题,特别是可生存性问题。应用层多播的可生存性已经得到越来越多研究人员的重视,现已成为应用层多播网络设计中必须考虑的一个重要方面。

第 2 章
多播路由选择算法研究

多播是一种允许向一组目的主机同时传送信息的通信方式,这种多点通信方式正成为诸如多媒体通信和分布式计算等应用的基本需求。为支持大规模的多播通信,在满足通信服务的前提下应尽可能减少网络资源的消耗,当前网络支持多播通信的有效方法是构建连接源结点与所有组结点的转发树,基于树的方法使得数据在传往群组结点的过程中能共享某些链路,最低限度地降低重复数据的传输,多播路由选择算法就是研究这种路由树的建立。

2.1 多播路由选择算法

为了构建连接各组结点的转发树,多播路由协议需要利用某种多播路由选择算法来建立这种转发树。一个理想高效的多播路由选择算法有这样一些特点:

(1) 多播树要连接所有组结点,并且不包含无关的组结点。

(2) 较少的状态信息。

(3) 考虑路由的优化。

(4) 避免通信量过分集中与某些链路。

根据不同的优化目标,可分为三类多播路由选择算法。一类是基于源的最短路径算法,它以时延为优化目标;第二类是以提高路由算法可扩缩性为目标(如 CBT 算法);第三类是以优化网络资源为目标的 Steiner 树算法。

2.1.1 基于源的路由选择算法

这类算法以图最短路径算法为基础,建立以源为根的、到各目的结点时延最小的多播路由转发树。为建立连接组内各结点的转发树,这类算法通常采用某种形式的广播算法来建立连接所有结点的最短路径树,然后自下而上剪取不包含任何组结点的分支。基于源的多播树将有较小的传输时延,但在建立时,路由选择算法需要进行广播,对于规模较大的网络,广播将使算法的可扩缩性会变得很差。

洪泛法(flooding)是最简单的广播算法,但它将导致浪费大量的网络带宽和占用路由器的资源。

支撑树(spanning tree)算法是比洪泛法更为高效的方法,在这个算法中,将选择一些链路来定义一个树结构,该树结构将保证任意两个路由器之间只有一条活跃链路,这就构成连接所有路由器的支撑树。支撑树算法的缺点是通信量将过于集中于某些链路,同时它也不能为源和组结点间提供最有效的链路。

反向路径广播算法(reverse path broadcasting,RPB)[39],它以反向路径转发RPF算法为基础,建立一棵以源为根的网络支撑树,该支撑树能为源和组结点间提供最有效的链路。RPF算法的思想非常简单。当广播数据包从源 S 经过链路 L 到达路由器时,路由器将检查链路 L 是否是到达 S 的最短路径,若是,则向除链路 L 外的其他链路转发该数据包;否则,就丢弃它。该算法既高效又易于实现。而且,由于包是沿源结点到日的结点的最短路径转发的,速度非常快。RPB算法无须任何中止转发过程的机制,路由器也无须了解整个网络的制成支撑树。RPB算法的主要缺点是它没有利用多播组成员的信息来建立只包含组成员的转发树。

带修剪的反向路径广播算法(truncated reverse path broadcasting,TRPB)克服 RPB 算法中的一些不足。利用 IGMP 协议,路由器能确定与它相连的子网中是否有组成员存在。如果该子网是一个不再有其他路由器相连的叶子子网,当该子网中不包含组成员时,则 TRPB 算法就从这个支撑树中剪出该子网。尽管 TRPB 算法将不包含任何组成员的叶子子网从支撑树中截去,但它依然不能消除数据包到达没有任何组成员的"中间"子网。

反向路径多播算法(reverse path multicasting,RPM)彻底改进了 RPB 和TRPB算法的不足,RPM算法构建的转发树满足:仅包含有组成员的子网;路由器和子网都位于发送源到组成员的最短路径上。算法将修剪 RPM 树以满足只在通向组成员的链路上转发多播数据包。对一给定的发送源和多播组 source,group,第一个多播包的转发是按 TRPB 算法来进行的。如果一叶路由器(TRPB树中的末端路由器)收到发自该 source,group 的多播包,而在与其相连的子网内无任何组成员,则向给它转发多播包的路由器发送剪枝信息。剪枝信息说明来自source,group 的多播包无须在向收到剪枝信息的链路转发。每次剪枝信息只在

通往源结点的方向上传一个网段。而 TRPB 树中靠近根的上游路由器 upstream
router 将记住收到的剪枝信息,如果该靠上路由器所在子网无任何组成员且收到
所有子路由器发来的剪枝信息,则它将向 TRPB 树中它的父路由器发送剪枝信息。
这种层叠的剪枝信息最终将截短原来的 TRPB 树使得只向通往组成员的转发多播
包。这样 TRPB 树经过修剪就得到了 RPM 树。由于组成员和网络拓扑的动态变
化,转发树的剪枝状态信息需要定期刷新,因此在 RPM 算法中,路由器中剪枝信
息将定期清除。清除后的下一个发自该 source, group 的多播包又将向所有叶路
由器转发,然后重新产生新的剪枝信息并根据新的剪枝信息生成新的 RPM 树。
这无疑要浪费一部分带宽。RPM 算法的另一个缺点是路由器需要相对较大的存
储空间来保存所有 source, group 的状态信息,算法的可扩缩性不好。

2.1.2　基于核心的路由选择算法 CBT

　　和 RPM 算法针对每个 source, group 均建立一个多播树不同的是,基于核心
树 CBT 算法[7]对每个组仅建立一个转发树。换句话说,对于一个确定的组,不同
的发送源均使用组共享多播树来分发多播信息。CBT 算法先选出一个或一组核
心路由器,所有发往一个确定组的所有信息均以点对点的方式向核心路由器方向
转发,直至到达一个已位于转发树的路由器为止。然后,该路由器向除了进入接口
以外的其他所有属于转发树的接口转发该信息包。

　　既然 CBT 算法对每个多播组仅建立一棵转发树,多播路由器需保留的状态信
息较其他路由算法少,因而具有较好的可扩缩性。此外,由于 CBT 算法无须广播
任何多播信息,节省了网络资源。然而,CBT 算法也有不足通信量可能会过于集
中于某些链路,或在核心路由器周围链路形成拥塞;对不同的源结点来说,CBT 树
不是最优转发树,会造成更大的传输时延。

2.1.3　Steiner 树算法

　　上述两类算法的优化目标分别是快速传递和路由算法的可扩缩性都没有考虑
路由树总体的资源优化,以多播树总体代价为优化目标的算法就是第三类多播路
由算法。多播路由算法使用不同的优化目标来确定好的路由树。一个优化的目标
是使多播树保证源结点到各群组结点的时延尽可能小,这对多媒体应用(如实时会
议)是很关键的。另一优化目标从服务提供者或网络管理角度上则考虑尽可能降

低网络资源的消耗。如果使用代价来表示网络资源的耗费,这就变成寻找总体代价最小的多播树问题。链路代价可用来表示信道带宽或缓冲空间,也可表示链路的拥挤情况或差错率,还可表示网段数、链路费用等参数。寻找最小代价的多播树实质上是图论中求解图的 Steiner 树问题。

图的 Steiner 树问题:给定一对称网络 $G=(V, E)$,V 和 E 分别为网络的结点集和边集,非空群组结点集 D,$D \subseteq V$,代价函数 $C: E \rightarrow R^+$。寻找 G 的子网 T,满足①集合 D 中的任意两结点在 T 仅有一条通路;②T 的总代价 $\sum_{e \in T} C(e)$ 在所有可能的子网中最小。

当 D 只有两个结点时,Steiner 树问题退化为两点的最短路径问题;而 D 包含网络中的所有结点,即 $D=V$,Steiner 树问题又转变为最小生成树问题。和网络的最短路径问题和最小生成树问题都存在很有效的多项式时间求解算法,不同的是 Steiner 树问题是 NP 完全问题[18]。

由于 Steiner 树问题是 NP 完全问题,Steiner 树算法主要考虑寻找总体代价近似最优的启发算法。Steiner 树算法的另一个特点是它是一个整体性算法,即当组结点或网络发生变化时,它都需要重新计算,因此尽管已出现了许多 Steiner 树的启发算法,但目前尚没有用于实际的协议。

对 Steiner 树启发算法的研究[40-41]很多,目前已有了一些多项式算法,某些算法在最坏情况下产生树的总体代价不会超过最优解代价的 2 倍,而平均性能与最优解已十分接近,达到小于最优解代价的 1.05 倍。然而,这些算法仍过于复杂,仍不适用于大型网络或组结点数较多的情况。

2.2　图的 Steiner 树问题的近似算法

迄今为止,所有的 NP 完全问题都还没有多项式时间算法。然而有许多 NP 完全问题具有很重要的实际意义。对于这类问题,如果要获得问题的最优解,通常可以采取只对问题的特殊实例求解、用动态规划法或分支限界法求解和用概率算法求解。问题的特殊实例求解局限太大、适用范围小。动态规划法和分支限界法是解许多 NP 完全问题的有效方法,在许多情况下,它们比穷举搜索法有效得多,但算法复杂性的改变依然是指数复杂性,且这一类方法多与具体问题相关。当可通过概率分析法证明某个 NP 完全问题的"难"实例是很稀少的,可用概率算法解这类 NP 完全问题,设计出在平均情况下的高效算法,然而,这种证明 NP 完全问题的"难"实例证明和概率分析是很困难的。更为行之有效的方法是近似求解方法,由于问题的输入数据通常是用测量的方法得到的,因此输入数据本身就是近似的。因此在实际中遇到的 NP 完全问题也不要求一定要获得非常精确的解答,只要求在一定的误差范围内的近似解就够了。许多求解 NP 完全问题的近似算法可以用很少的时间获得很好的近似解。

为分析近似算法的性能,常用近似算法的性能比作为评估指标。

(1) 近似算法的性能比 α:若一个最优化问题的最优值为 c^*,求解该问题的一个近似算法求得的近似最优解的目标函数值为 c,则将该近似算法的性能比定为 $\alpha = \max\left\{\dfrac{c}{c^*}, \dfrac{c^*}{c}\right\}$,在通常情况下,该性能比是问题输入规模 n 的一个函数 $\rho(n)$,即 $\max\left\{\dfrac{c}{c^*}, \dfrac{c^*}{c}\right\} \leqslant \rho(n)$。

在通常情况下,近似算法的性能比大于 1。近似算法的性能比越大,它求出的近似最优解就越差。

(2) 近似算法的相对误差界 $\varepsilon(n)$:有时,用相对误差表示一个近似算法的精确程度会更方便。而将该近似算法的相对误差定义为 $\lambda = \left|\dfrac{c - c^*}{c^*}\right|$。若对问题的输入规模 n,存在一个函数 $\varepsilon(n)$,使得 $\left|\dfrac{c - c^*}{c^*}\right| \leqslant \varepsilon(n)$,则称 $\varepsilon(n)$ 为该近似算法的相对误差界。

(3) 称满足下列条件的近似算法为 α -近似算法:时间复杂性为多项式时间;该近似算法的性能比为 α(算法产生的解至多是最优解的 α 倍)。

鉴于 Steiner 树在网络多播路由中的重要作用,寻找其最优解近似算法的工作一直很活跃。自 20 世纪 80 年代以来,出现了许多有效的求解 Steiner 树问题的近似算法。这些算法的性能和复杂性各有差异,为了和我们提出的算法进行比较,我们简要介绍一些常见的 Steiner 树问题近似算法。

2.2.1 MSTH 算法

MSTH(minimum spanning tree heuristic)算法[42]先求出图 G 的最小代价生成树,然后剪去树中度为 1 且不属于 D 的结点。算法复杂度等同于最小生成树算

法(如 Prim 算法),也是 $O(n^2)$,$n=|V|$。由于 MSTH 算法是针对所有网络结点的最优解,对于部分结点,其性能却不理想,但在最坏情况下,近似比紧收敛于 $n-p+1$,$p=|D|$。图 2-1 给出生成 Steiner 树的例子,算法生成树的总代价是 7,而最优解的总代价是 5。

|(a) 图 G|(b) 图 G 的最小支撑树|(c) Steiner 树|(d) 最优解|

图 2-1   MSTH 算法示例

2.2.2   MPH 算法

MPH(minimum cost paths heuristic)算法[42]以源结点为初始树 T,每次从组结点集中选出距当前树 T 最近的结点,得出该结点到树 T 的最小代价路径,并将该路径中所有结点加入树 T 中。重复上述工作直到所有组结点均加入树 T 中。

MPH 算法描述:

步骤 1 $T_0 \leftarrow \{s\}$,$Q \leftarrow D$,$k \leftarrow 0$;

步骤 2   从 Q 中选择与 T 有最小代价值的结点 i,并连接 i 最小代价路径与 T_k,$Q \leftarrow Q-\{i\}$;

步骤 3   若 $Q=\varnothing$,算法返回 T_k 并停止;否则,$k \leftarrow k+1$,转步骤 2。

对于每个组结点,均需采用 Dijkstra 最短路径算法计算到网络其他结点的最小代价,其时间复杂性为 $O(n^2)$,因而总的时间复杂性为 $O(pn^2)$,$p=|D|$。MPH 算法有较好的平均性能,在最坏情况下,近似比紧收敛于 $2-1/p$,$p=|D|$。图 2-2 给出 MPB 算法生成 Steiner 树的过程示例,算法生成树的总代价是 $3+4+2=9$。

图 2-2   MPH 算法示例

2.2.3　KMB 算法

KMB 算法描述：[43]

步骤 1　构建只包含目的结点最小代价完全图 $G' = (D, E')$；

步骤 2　求出图 G 的最小支撑树 T'；

步骤 3　用图 G 中的相应路径替代 T' 中的每条边得到图 G 的子图 $\bar{G}$；

步骤 4　求出图 $\bar{G}$ 的最小支撑树 T；

步骤 5　剪去 T 中度为 1 且不属于 D 的结点。

构建完全图需要计算所有目的结点之间的最小代价，其复杂性为 $O(pn^2)$。在最坏情况下，近似比紧收敛于 $2 - 1/p$，$p = |D|$。图 2-3 给出 KMB 算法生成 Steiner 树的过程示例，算法生成树的总代价是 $2 + 2 + 2 = 6$，而最优解为 $1.1 + 1.1 + 1.1 + 1.1 = 4.4$。

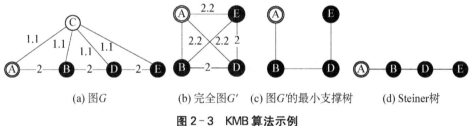

(a) 图 G　　　(b) 完全图 G'　(c) 图 G' 的最小支撑树　　(d) Steiner 树

图 2-3　KMB 算法示例

2.2.4　DDMC 算法

目的驱动的多播路由 DDMC(destination-driven multicast)算法[44]使用贪心策略，融合了 Dijkstra 最短路径算法和 Prim 最小生成树算法，通过使路由树用倾向于经过目的结点路径的方法来降低路由树的总代价。DDMC 将已选入多播树中的目的结点均看作是源，算法依次将距源最优代价的结点选入路由树中，然后剪去树中度为 1 的且不属于多播组的结点。

DDMC 算法描述：

步骤 1　设置 $T_0 \leftarrow \{s\}$，$Q \leftarrow V - \{s\}$，$W_i \leftarrow C_{s,i}$，$i \in Q$，

$$I_d[i] = \begin{cases} 0 & i \in D \\ 1 & i \notin D \end{cases};$$

步骤2 若 $Q = \varnothing$，算法停止。否则，选择满足条件 $W_j = \min\limits_{k \in Q} W_k$ 的结点 j，$Q \leftarrow Q - \{j\}$，$T \leftarrow T + \{j\}$；

步骤3 对 $\forall i \in Adj(j)$，执行 $W_i = \min(W_i, W_j \times I_d[i] + C_{ji})$，转步骤2。

DDMC 的算法复杂性为 $O(n^2)$，但在中并未给出 DDMC 在最坏情况下的近似比上限。DDMC 算法的平均性能较 MSTH 算法有较明显的改进，但仍比 MPH 算法差。图 2-4 给出 DDMC 生成 Steiner 树的过程示例，算法生成树的总代价是 11。

图 2-4 DDMC 算法示例

2.3 近似最小代价的多播路由算法 MCTH

新算法以源结点 s 为起始树 T，每次选取与树 T 有最小代价的结点加入已访问集 U 中。当该结点属组结点时，将连接该结点至树 T 路径上的所有结点均加入树 T，同时将这些结点到树 T 的代价值设置为零，然后调整其他不属于 T 的结点到树 T 的代价值。重复这种操作直至所有组结点均加入树 T 中。由于该算法每次将选取并标记距离树 T 最小代价的结点，我们称该算法为 MCTH（minimum cost to tree heuristic）[45]。

2.3.1 算法描述

算法将通信网络抽象为无向图 $G = (V, E)$，V 为主机或路由器结点，E 为通信链路。$\cos t(u, v)$ 为链路 (u, v) 代价值，假定所有链路的代价值非负。给定一源结点 $s \in V$，及一群组结点集 $D \subseteq V$。T 表示位于当前多播树中的结点。$\cos t\_to\_tree(v)$

```
MCTH(G, s, D)
for 每个结点 v ∈ V do
        cost-to-tree(v) ← ∞; P[v] ← NIL;
U ← ∅; Q ← V; M ← ∅;
T ← {s}; cost-to-tree(s) ← 0;
while Q ≠ ∅ do
        从 Q 中选择并弹出最小 cost-to-tree 的结点 u;      //选择距当前树 T 最近的结点 u
        U ← U + {u}; M ← M + {u};                        // 标记结点 u
        if u ∈ D then                                     //u 为组结点时, 将位于结点 u
                T ← T + {u}; cost-to-tree(u) ← 0;        // 至树 T 最小代价路径上的所有
                v ← P[u];                                 // 结点加入树 T 中
                while cost-to-tree(v) ≠ 0 do
                        T ← T + {v}; cost-to-tree(v) ← 0;
                        M ← M + {v}; v ← P[v]
        while M ≠ ∅ do                                    // 修改所有不属于树 T 结点
                从 M 中弹出首结点 u                          // 到树 T 的代价值
                for 每个与 u 相邻的结点 v do
                        if(cost-to-tree(v) > cost-to-tree(u) + cost(u, v)) and (v ∉ T) then
                                cost-to-tree(v) ← cost-to-tree(u) + cost(u, v); P[v] ← u;
                                if (v ∈ U) and (v ∉ M) then M ← M + {v};
```

图 2-5　MCTH 算法

表示结点 v 到当前多播树 T 的最小代价, 算法的伪代码图 2-5 所示。

上述算法使用集合 U 表示已标记过的结点集, 集合 Q 表示未标记的结点集。集合 M 表示须重新计算相邻结点代价值的结点集。P 为结点指针, 指向结点在树中的父结点, 算法起始假定每个结点的距树 T 的代价为无穷大, 所有结点均不在多播树中。算法将从源 s 出发生成以 s 为根的支撑树。由于仅对所有不在树 T 中的结点做调整, 因而算法不会形成环。当 $|D|=1$ 时, 算法等价于 Dijkstra 最短路径算法; 当 $|D|=|V|$, 算法等价于 Prim 最小支撑树算法。

图 2-6 是 MCTH 与 DDMC 算法构建多播树的例子。结点 a 为源结点, 黑结点为群组结点, 边权为相应链路代价值, 多播树由粗线链路构成。MCTH 算法在建立过程中, 因加入多播树的结点 d 是组成员结点, 因而其父结点 e 也被加入树 T, 这样结点 c 距当前树最小代价 2, 而相比 DDMC 算法, 结点 d 加入后作为新的源, 结点 c 距源的最小代价值为 3。因此在树的总体代价上, MCTH 比 DDMC 更小。

上面介绍的 MCTH 算法是由源结点集中运算的算法, 集中算法便于说明和分析, 但在实际的路由协议中, 建立有效的多播树还须通过分布算法实现。以往的 Steiner 树近似算法多为集中式算法, Bauer 等[46]提出了 2 个多播路由的分布

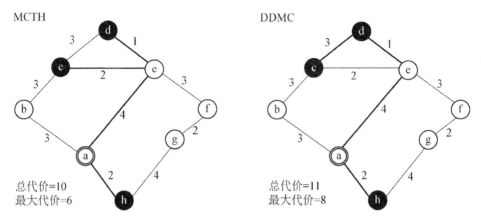

图 2-6   MCTH 和 DDMC 算法生成多播树的示例

式算法。在 MCTH 分布算法中,每个结点均参与路由的运算,但路由的连接仅在处于活跃状态的结点进行,非群组结点无须了解群组结点。算法完成后形成一个连接所有结点的支撑树,通过剪枝信息递归剪去不属群组的叶子结点得到最终的多播路由树。对于不同的元组(源,群组),算法将产生不同的多播树,不会相互影响。

2.3.2   性能分析

定义 1   结点 u 到结点 v 的距离 $dist(u, v)$ 为结点 u 到结点 v 的最小代价。

定义 2   结点 u 到树 T 的距离 $dist(u, T) = \min_{(v \in T)} dist(u, v)$。

定义 3 $dist_S(u, T)$ 表示结点 u 只能以集合 S 中的结点作为中间结点到树 T 的距离。

引理 1   对 $\forall u \in Q$,有 $cost\_to\_tree(u) = dist_U(u, T)$。

证明:算法在每标记一个结点时,均会重新计算所有不在 T 中结点 u 到 T 的距离,算法通过第 3 个 while 循环的执行,保证 $cost\_to\_tree(u)$ 始终保留结点 u 仅以标记结点集合 U 中结点为中间结点到树 T 的最小代价。故有 $cost\_to\_tree(u) = dist_U(u, T)$。证毕。

引理 2   算法每次从 Q 中选出的最小代价 $cost\_to\_tree(u)$ 为结点 u 到当前树 T 的距离,即

$$cost\_to\_t\,ree(u) = dist(u, T)$$

证明　反证法。假定 cost_to_tree(u)>dist(u, T)，则 $\exists v \in Q$，使得 cost_to_tree(u)>cost_to_tree(v)+dist(v, u)，由于 dist(v, u)非负，有 cost_to_tree(u)>cost_to_tree(v)，与 cost_to_t ree(u)为从 Q 中选出的最小代价矛盾。故有 dist(u, T)=dist$_U$(u, T)。根据引理 1，有 cost_to_t ree(u)=dist(u, T)。证毕。

引理 3　算法每次从 Q 中选出的最小代价 cost_to_tree(u)为所有未标记结点到当前树 T 的最小距离。即 cost_to_tree(u)=$\min_{(v \in Q)}$(dist(v, T))。

证明　反证法。假定 cost_to_tree(u)>$\min_{(v \in Q)}$(dist(v, T))，设 dist(w, T)=$\min_{(v \in Q)}$(dist(v, T))。不失一般性，令 w 到 T 的最小代价路径为(w, x_1, x_2, …, x_m, y_1, y_2, …, y_n, t)(w, x_1, x_2, …, x_m, y_1, y_2, …, y_n, t)，其中，$x_i \in Q$, $i=1, 2, …, m$, $y_j \in U-T$, $j=1, 2, …, n$, $t \in T$。有

$$\text{dist}(w, T) = \text{cost}(w, x_1) + \sum_{i=1}^{m-1} \text{cost}(x_i, x_{i+1}) + \text{cost}(x_m, y) + 1$$

$$\sum_{i=1}^{n-1} \text{cost}(y_i, y_{i+1}) + \text{cost}(y_n, t) < \text{cost\_to\_tree}(u)$$

由于网络中各链路的代价值非负，有

$$\text{cost}(x_m, y_1) + \sum_{i=1}^{n-1} \text{cost}(y_i, y_{i+1}) + \text{cost}(y_n, t) < \text{cost\_to\_tree}(u) \quad (2.1)$$

根据引理 1 有

$$\text{cost\_to\_tree}(x_m) = \text{dist}_U(x_m, T) \leqslant \text{cost}(x_m, y_1) +$$

$$\sum_{i=1}^{n-1} \text{cost}(y_i, y_{i+1}) + \text{cost}(y_n, t) \quad (2.2)$$

由式 2.1, 2.2 有：cost_to_tree(x_m)<cost_to_tree(u)，与 cost_to_tree(u)为从 Q 中选出的最小代价矛盾。根据引理 2, cost_to_tree(u)=dist(u, T)，则 cost_to_tree(u)=$\min_{(v \in Q)}$(dist(v, T))。证毕。

定理 1　MCTH 算法生成的多播树等同于通过 MPH 算法生成的多播树。

证明　根据引理 2 和引理 3 知：算法每次选取加入标记集合 U 的结点 u 均是距当前树 T 最近的结点。当选取的结点 u 为组结点时，结点 u 必然是所有未标记结点集 Q 中距离当前树 T 最近的组结点，且结点 u 到树 T 的最小代价路径必然为 P 中记录的路径。算法将位于该路径上的所有不在树 T 中的结点均加入树 T 中。因此算法生成的多播树实质上等同于通过 MPH 算法生成的多播树。证毕。

定理 2　算法在最坏情况下的复杂性为 O((p+3/2)n^2-$p^2 n$)，n 为网络中的结点数，p 为群组结点数。

证明 算法中的第 1 个 while 循环共执行 n 次循环,循环中每次从长度为 $n-i$ 的队列 Q 中选最小的 cost_to_t ree(u)需 $n-i-1$ 次比较,运算次数为 $O(n^2/2)$。该 while 循环可分为组结点和非组结点两部分,对于非组结点,共执行 $n-p$ 次循环;对每个选中的非组结点,队列 M 长度为 1,每次循环最多需 n 个相邻结点执行调整,复杂性为 $O((n-p)n)$。而对于组结点,共执行 p 次循环,每次循环中,新加入组结点最多对需 n 个相邻结点执行调整,共需 n 次操作。而集合 U 最多有 $n-p$ 个结点,每个 U 中的结点最多对需 n 个相邻结点执行调整,共需 $(n-p)n$ 次操作。故对于所有组结点,计算复杂性为 $O(pn+p(n-p)n)$。算法在最坏情况下的复杂性为 $O(n^2/2)+O((n-p)n)+O(pn+p(n-p)n)=O((p+3/2)n^2-p^2n)$。证毕。

2.3.3 仿真实验结果

网络模型采用 Waxman[47] 提出的随机图模型。该随机图的结点随机分布在矩形区域内,随机图中边存在的概率 $P_e(u, v)=\beta\exp\left(-\dfrac{d(u, v)}{\alpha L}\right)$,$d(u, v)$ 为结点 u 至结点 v 的欧式距离,L 为结点间的最大欧式距离值,α,β 为区间$(0, 1)$内的实数。图 2-7 为该模型产生的随机图例子。在我们的模拟中,$\alpha=0.2$,$\beta=0.4$,网络结点的平均度为 3。边的代价值为非负整数,范围为 $1\sim10$,正比于边的长度。在每个数据点运行 1 000 次实验,取所有实验结果值的平均作为该数据

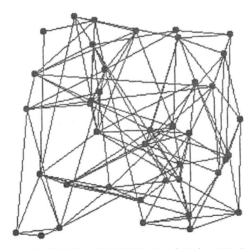

图 2-7 仿真实验中随机图例子(40 个结点,平均度为 4)

点的实际值。所有参与实验的算法均保证在相同的网络、群组结点集和数据点下运行。

选择路由树的总代价作为衡量算法性能的指标,通过计算机模拟,测量了固定网络大小情况下,随着组结点的增加各算法得出的路由树的总代价。为了解算法在组成员稀少或稠密时的性能,通过计算机仿真,我们测量了固定网络大小情况下,随着组成员增加各算法生成多播路由树的总代价。

由于 MSTH、DDMC 和 MCTH 均属只需局部路由信息的算法,并且它们的复杂性较低,我们首先比较它们的平均性能。图 2-8 显示了这三种算法在小网络、边代价变化范围较小时的比较结果,其中网络结点数为 100。从图中看出,MSTH 算法性能最差,特别是对于组成员较少时。MCTH 的平均性能最好,均优于 MSTH 和 DDMC。当网络中组结点较为多时,DDMC 才接近于 MCTH。图 2-9 比较了在大网络、边代价变化范围更大条件下 MSTH、DDMC 和 MCTH 的平均性能,其中网络结点数为 200,链路代价值范围为 1 到 50。从图中看出 MCTH 的平均性能仍然优于 MCTH 和 DDMC。

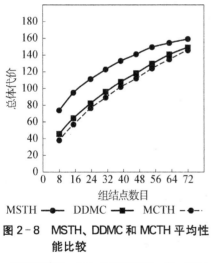

图 2-8　MSTH、DDMC 和 MCTH 平均性能比较

网络节点数＝100,边代价范围＝[1, 20]

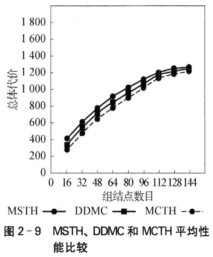

图 2-9　MSTH、DDMC 和 MCTH 平均性能比较

网络节点数＝200,边代价范围＝[1, 50]

MPH、KMB 有较好的平均性能,在最坏情况下,产生的 Steiner 树总代价最多是最优解的两倍。表 2-1 比较了它们与 MCTH 的平均性能。网络大小为 200。在树的总代价方面,MCTH 和 MPH 有相同的性能,而稍优于 KMB。

表 2 - 1   KMB、SPH 和 MCTH 平均性能比较(网络结点数=200)

	KMB	SPH	MCTH
10	228.96	217.4	217.6
30	443.7	432.7	433.2
50	615.14	604.36	604.4
70	738.38	772.2	772.14
90	900.26	891	890.64
110	992.18	983.6	983.78
130	1 122.94	1 114.84	1 114.82
150	1 193.52	1 189.04	1 188.92

图 2 - 10 比较 KMB、MPH 和 MCTH 在组结点数变化时的平均运行时间。网络大小为 200。从图中可看出,MCTH 的运行时间远小于 KMB 和 SPH,并且随着组结点数的增加,KMB 和 SPH 的运行时间均大幅度增加,而 MCTH 则几乎没有变化。

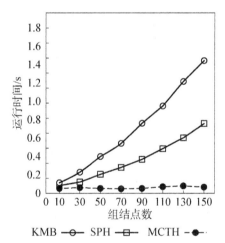

图 2 - 10   KMB、SPH 和 MCTH 运行时间比较

在对算法的性能分析中得出,算法实质上是每次选取将与当前树有最小代价的结点,该算法具有 MPH 相同的性能,但复杂性仅为 $O((p+3/2)n^2 - p^2n)$。通过实验比较,我们得出,MCTH 有比 KMB 算法和 DDMC 算法更好的性能,它的运行时间也比 MPH 和 KMB 算法低得多,算法复杂性几乎不随组结点数的增多而变

化。MCTH 算法的这些优良特性使得它适合用于大型的广域网络的多播路由协议。此外,MCTH 仅需了解与相邻结点的代价,无须像 MPH 和 KMB 算法那样需了解全网络链路的代价值。目前 MOSPF 协议采用 Dijkstra 最短路径算法来建立最短路径多播树。MCIH 算法和 Dijkstra 算法具有类似的操作和复杂性,如果将MCTH 算法用于 MOSPF 协议,得出的多播树将是总体代价近似最优的多播树。

2.4　时延有界多播路由选择算法

多播是一种允许同时向多个目的主机传送信息的通信方式。多播技术正成为支持多媒体应用网络的关键因素,许多新的分布式实时应用(如远程教学视频会议)均涉及多个参与者,不仅有严格的端到端时延限制,还要使用大量的网络资源。为有效支持这些新应用,网络在满足应用服务请求的同时,还应尽可能地降低资源消耗。因此需要研究既能满足给定端到端时延又能优化网络资源的多播路由算法。

从全局观点优化网络资源可看作是优化多播路由树的总体代价,寻找最小代价的多播路由树可形式化为图论中的 Steiner 树问题。由于 Steiner 树问题的求解是 NP -完全问题,出现了许多寻找近似最优 Steiner 树的启发算法。显然寻找时延有界的 Steiner 树也同样是 NP -完全问题,目前也出现了一些构建时延有界的最小代价多播树启发算法。

KPP 算法[48]扩展了用于寻找近似 Steiner 树的 KMB 算法,它假定链路时延和给定时延界限均为整数,先构建满足时延限制的完全图,然后求出完全图的最小支撑树。BSMA 算法[49]则采用一个切实可行的搜索优化方法,由最小时延树开始,通过替换树中代价较高的超边,迭代改进时延限制树的总体代价。两种算法均有很好的性能,然而 KMP 算法的时间复杂性为 $O(\Delta|V|^3)$,BSMA 算法则为 $O(k|V|^3\log|V|)$。显然,对于大规模网络来说,它们都过于复杂,难于用在实际的路由协议中。Salama 等[50]比较了一些时延有界多播路由算法的性能,得出将来的时延有界多播路由算法应着重研究简单快速的算法。

MCTH 算法[45]是构建无时延限制的最小代价多播树启发算法,它与另一个常用有效的 Steiner 树树启发算法 MPH 有相同的性能,但更为简单、快捷。在这一部分,我们将修改 MCTH 来构建一个满足给定时延限制的最小代价多播路由算法,我们称该算法为 DLMR(delay-constrained low-cost multicast routing)[51]。

2.4.1　时延有界多播路由模型

我们将网络形式化为一个赋权有向图 $G=(V, E)$，其中 V 为结点集合，每个结点表示主机或路由器；E 为图 G 中边的集合，E 中的边为连接网络结点的通信链路。E 上定义了两个非负的函数，即链路代价函数($C: E \rightarrow R^+$)：链路代价为链路资源利用情况的度量。链路时延函数($D: E \rightarrow R^+$)：链路时延为数据包经过链路总时延的度量，包括排队、发送和传输时延。

在我们考虑的多播路由中，数据包由一个源结点 $s \in V$ 传送到一组目的结点集 $Z \subseteq V-\{s\}$ 中。多播数据流由源结点 s 经多播树 $T=(V_T, E_T)$ 传往所有目的结点，其中 $V_T \subseteq V$，$E_T \subseteq E$，$Z \subseteq V_T$，多播树 T 的总代价可定义为 $C(T) = \sum_{e \in T} C(e)$。假定 $P_T(s, v)$ 表示多播路由中从源结点 s 到目的结点 $v \in Z$ 的路径。多播数据包从源结点 s 到目的结点 $v \in Z$ 的端到端时延为 $\sum_{e \in P_T(s, v)} D(e)$。给定的端到端时延上限 Δ 表示从源结点到任意目的结点路径必须满足的端到端时延限制。

我们感兴趣的多播树是时延有界的最小代价树，这个问题可定义为在满足条件 $\sum_{e \in P_T(s, v)} D(e) \leqslant \Delta$，$\forall v \in Z$ 的多播树中寻找总体代价最小的多播树。

2.4.2　DLMR 算法描述

MCTH 算法以源结点为起始树，每次选择和当前多播树有最小代价的结点，当选择的结点为目的结点时，将位于这条最小代价路径上结点的代价值均重新设置为零并加入多播树中。重复上述操作直到多播树包含所有目的结点。算法的执行过程类似 Dijkstra 最短路径算法，所不同的是 MCTH 选择结点尺度不再是距源结点的最短距离，而是距当前树的最小代价。MCTH 算法具有很好的平均性能，在最坏情况下，与最优代价树的总体代价比值上限不超过 2。它的算法复杂性为 $O((p+3/2)n^2-p^2n)$，其中 n 为网络结点数，p 为目的结点数。

新算法假定源结点了解用于构建多播树的所有网络链路信息，这些信息可通过现有的网络拓扑信息广播算法获得。

DLMR 算法主要包括 3 个步骤：

步骤 1　确定是否存在满足给定时延条件的多播树。它首先使用 Dijkstra 最短路径算法求出以源结点为树根的最小时延 LD 树,若该 LD 树不能满足给定的时延上限,则任何其他的路由树均不可能满足给定的时延上限。

步骤 2　寻找满足时延限制的 MCTH 树。

步骤 3　当该时延限制的 MCTH 树不能包含所有目的结点时,选择适当的最短时延路径来连接那些尚未连入的目的结点。

为了得到满足时延限制条件的 MCTH 树,我们修改了 MCTH 算法。

修改的 MCTH 算法将拒绝违反时延限制条件的最小代价路径,而选择满足时延限制条件但可能不是最小代价的路径。这样的操作将保证最终得到树是满足时延限制条件的。显然,这样得到的树可能成为如下两种情况。

(1) 树包含所有的目的结点;

(2) 树仅包含部分目的结点。

在树包含所有的目的结点时,由于树已经包含所有的目的结点,且均满足时延限制条件,因而就是要寻找的多播树。而在树仅包含部分目的结点时,由于树仅包含部分目的结点,因而需要寻找其他的满足时延限制条件的路径来连接那些尚未连入的目的结点。在此,我们采用一个简单的办法来解决这一问题,即通过加入源结点到尚未连入的目的结点的最短时延路径来构建最终的多播树。当然,这样的操作可能会导致多播树中存在环路,然而环路的消除非常简单,在形成的环路中,总是保留加入的最短路径,这样的去环操作同时能保证多播树满足给定的时延限制条件。

为描述算法,我们给出几个定义,算法中的多播树或路径连接关系采用一个指向其前导结点的回溯数组来表示,假定数组 B 和 B' 分别代表多播树 T 和最小时延树 T',B_i 为结点 i 在 T 中的父结点,B'_i 则是结点 i 在 T' 中的父结点。多播树 T 中从源结点 s 到目的结点 i 的路径 $P_{s,i}$ 可通过数组 B 从 i 回溯到 s 获得,对于从 s 到 i 的最小时延路径 $P'_{s,i}$ 也可由数组 B'_i 通过回溯得到。

算法 DLMR

(1) 构建以源结点 s 为树根的最小时延树,若它不满足给定的时延限制条件 Δ,则无解,算法停止。

(2) 设置 $T \leftarrow \{s\}$, $Q \leftarrow V - \{s\}$, $W_i \leftarrow \begin{cases} C_{s,i} & D_{s,i} \leqslant \Delta \\ \infty & D_{s,i} > \Delta \end{cases}$, $i \in Q$。

(3) 选择满足条件 $W_j = \min\limits_{k \in Q} W_k$ 的结点 j, $Q \leftarrow Q - \{j\}$。若 $W_j = \infty$ 转向(6)。

(4) 若 $j \in Z$, $T \leftarrow T \cup P_{s,j}$,对 $\forall i \in P_{s,j}$, $W_i \leftarrow 0$。若 T 包含所有的目的结

点,则输出 T,算法停止。

(5) 对 $\forall i \in V-T$,根据 $W_i = \min\limits_{k \in T \cup \{j\}} \{W_i, W_k + C_{k,i}\}$,且满足 $D(P_{s,k}) + D_{k,i} \leqslant \Delta$ 调整路径 $P_{s,i}$,转向(2)。

(6) 对 $\forall i \in V \cap Z$,寻找最小时延路径 $P'_{s,i}$,对 $j \in P'_{s,i}$ 设置 $B_j \leftarrow B'_j$。

和 MCTH 算法相比,DLMR 需要完成两个额外的工作,即(1)的寻找最小时延树和(6)的将某些最小时延路径与当前获得的满足时延条件的 DCTH 树合并。显然,(1)的运行时间是 $O(n^2)$,其中 n 为网络中的结点数,而(6)则仅需 $O(1)$。对于(2)到(5)的求满足时延限制条件的 MCTH 树则和原来的 MCTH 算法有相同的复杂性,它的复杂性也是 $O((p+3/2)n^2 - p^2 n)$,其中 n 为网络结点数,p 为目的结点数。因此,DLMR 的算法复杂性为 $O((p+5/2)n^2 - p^2 n)$。

图 2-11 为 DLMR 算法生成满足时延限制条件多播树的例子,其中(a)赋权图中边的数值分别表示(链路代价,时延),结点 A 为源结点,C、E、G 为多播组成员结点,给定端到端时延限制为 $\Delta=7$。算法首先求出由源到各组成员结点的最小时延树 LD,通过 LD 树来确定是否存在给定时延限制条件的多播树。LD 树的最大端到端时延为 6(ADFG),符合限制条件。算法随后得出满足时延限制条件的

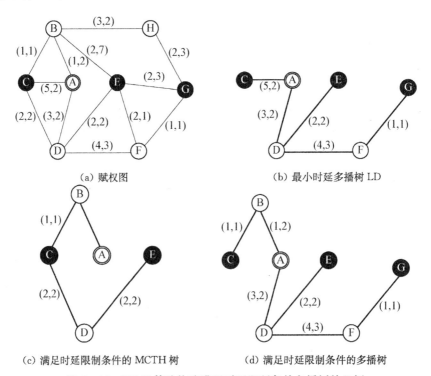

(a) 赋权图

(b) 最小时延多播树 LD

(c) 满足时延限制条件的 MCTH 树

(d) 满足时延限制条件的多播树

图 2-11　DLMR 算法构建满足时延限制条件多播树的示例

MCTH 树。由于该树未包括组结点 G,还不是完整的多播树。算法将 LD 树中的路径 ADFG 与现有的 MCTH 树合并,并剪去树边 CD 而得到符合时延限制条件的多播树——DLMR 树。最终,LD 树的总体代价为 15,而 DLMR 树的总体代价为 12。

2.4.3　算法正确性证明

定理 1　只要满足给定时延限制条件多播树存在,DLMR 算法就能构建满足时延限制的低代价多播树。

证明:算法中的(1)首先寻找距离源结点的最小时延树。如果该树不能满足给定的时延限制条件,显然不存在能满足时延限制条件的树。

假定该最小时延树中的各结点端到端时延均满足时延限制条件,算法将通过重复执行算法中的(3)~(5)来寻找满足时延限制的 MCTH 树 T。若 T 包含所有的目的结点,则 T 就是得出的满足时延限制的多播树。

如果 T 仅包含部分目的结点,算法将进入(6)选择一些合适的最小时延路径与 T 合并来生成符合限制条件的多播树——DLMR 树。现在来证明合并后的 T 满足时延限制条件。假定待合并路径 $P'_{s,j}$ 为从源 s 到尚不在 T 中目的结点 j 的最小时延路径(图 2-12)。若路径 $P'_{s,j}$ 与 T 中的其他路径仅在源 s 处相交,显然路径 $P'_{s,j}$ 的加入不会影响 T 中其他路径的端到端时延,因而合并后的 T 不会违反时延限制。若路径 $P'_{s,j}$ 与 T 中的其他路径在非源 s 处相交,不失一般性,假定 $k = P'_{s,j} \bigcap P_{k,i}$(图 2-12),有 $P'_{s,j} = P'_{s,k} \bigcup P'_{k,j}$, $P_{s,i} = P_{s,k} \bigcup P_{k,i}$。显然,$D(P'_{s,k}) \leqslant D(P_{s,k})$, $D(P_{s,i}) \leqslant D(P_{s,k}) + D(P_{k,i}) \leqslant \Delta$。合并后,可得到 $P_{s,i} = P'_{s,k} \bigcup P_{k,i}$, $D(P_{s,i}) = D(P'_{s,k}) + D(P_{k,i}) \leqslant D(P_{s,k}) + D(P_{k,i}) \leqslant \Delta$。这就证明合并

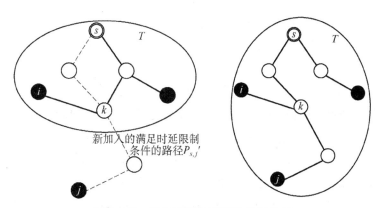

图 2-12　最小时延路径与树 T 的合并

后的 T 仍将满足时延限制条件同时(6)将保证最终的 T 包含所有目的结点,因而算法最终得到的 DLMR 树就是满足时延限制的多播树。证毕。

2.4.4　仿真实验结果

网络模型采用 Waxman 提出的随机图模型,该模型产生的随机图与真实网络比较接近,广泛用于路由算法的模拟试验。该随机图的结点随机分布在矩形区域内,随机图中边存在的概率 $P_e(u, v) = \beta \exp\left(-\dfrac{d(u, v)}{\alpha L}\right)$,其中 $d(u, v)$ 为结点 u 到结点 v 的欧式距离,L 为结点间的最大欧式距离值,参数 α 控制随机图中短边与长边,而 β 控制随机图中的平均度数,小的 α 值将增大短边的数量,大的 β 值将增加边的数量。α,β 为区间(0, 1]的实数。在我们的实验中,$\alpha = 0.2$,$\beta = 0.25$,随机图结点的平均度为 4。目的结点从图中的结点集中随机选择。边的代价值正比于边的长度,边的时延值取(0, 1]的随机值。

选择两个现有的时延限制多播路由算法 BSMA 和 CSPT 来比较我们的算法。BSMA 是目前提出时延限制多播路由算法中性能最好的算法,而 CSPT 则是一个简单快速的算法,它通过合并距源最小代价树和距源最小时延树来构建满足时延限制的多播树,它的算法复杂性仅为 $O(|V|^2)$。为了设置限制时延,我们选择两个算法,一个是最小时延树算法 LD,另一个是常见的 Steiner 树启发算法 KMB。在每次实验中,端到端时延限制由 LD 树与 KMB 树最大时延根据 $\Delta = d_{LD} + (d_{LD} + d_{KMB}) \times \alpha$ 控制产生,其中 $\alpha \in [0, 1]$,由此产生的时延限制条件将确保满足该限制条件的多播数一定存在,而参数 α 可控制时延限制的松紧。在每个数据点,均运行 1 000 次随机实验,然后统计所有实验的平均值作为该数据点的值。所有参与实验的算法均保证在相同的网络、群组结点和数据点下运行。

选择路由树的总代价作为衡量算法平均性能的指标,用算法运行时间来评估算法的运行复杂性。

首先比较目的结点数变化时算法生成多播树的总代价。实验中网络固定为 100 个结点,目的结点由 4 到 20 变化。针对不同程度的时延限制条件,进行了三组实验。图 2-13 显示时延限制较紧时($\alpha = 0.2$)的比较结果,从图中得出,KMB 算法为无时延限制的 Steiner 树近似算法,产生的多播树总体代价最小,其他四个算法均为满足时延限制条件的算法。其中,BSMA 的性能最好,DLMR 次之,DLMR 产生的多播树代价平均比 BSMA 高出 15%,平均比 CSPT 低 13%。从该图还可看出,受限算法的多播树代价与最优代价相差较大。图 2-14 显示时延限制中等时($\alpha=0.5$)的比较结果,从图中得出,产生的多播树代价平均比 BSMA 高出 10%,平均比 CPST 低 8%。图 2-15 显示时延限制中等时($\alpha=0.8$)的比较结果,从图中得出,DLMR 与 BSMA 算法已相当接近,产生的多播树代价平均比 BSMA 高出 2%,平均比 CPST 低 18%。

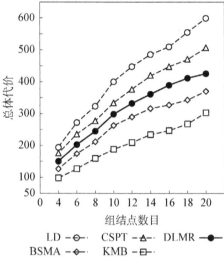

图 2-13　组节点变化多播树总代价比较

$$\Delta=d_{LD}+(d_{LD}+d_{KMB})\times 0.2$$

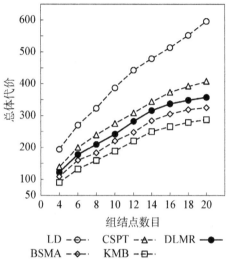

图 2-14　组节点变化多播树总代价比较

$$\Delta=d_{LD}+(d_{LD}+d_{KMB})\times 0.5$$

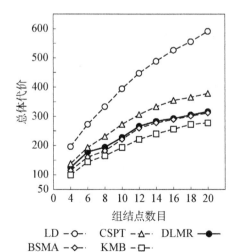

图 2-15　组节点变化多播树总代价比较

$$\Delta=d_{LD}+(d_{LD}+d_{KMB})\times 0.8$$

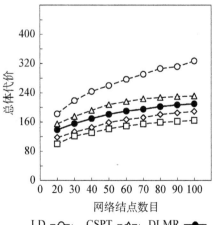

图 2-16　网络节点变化多播树总代价比较

　　其次,我们也比较了当网络变化时算法生成多播树的总代价。实验中网络大小由 20 到 100 变化,而结点数则均固定为 8。从图 2-16 中可得出,BSMA 仍然是性能最好的算法,DLMR 产生多播树的总代价平均比 BSMA 高出 10%,而 DLMR 产生的多播树的总代价平均比 CSPT 低 12%。

　　此外,图 2-17 比较了 DLMR 和 BSMA 在网络大小固定、目的结点数变化时各自算法的运行时间。从图 2-17 可看出,DLMR 的运行时间远低于 BSMA,而且随着目的结点数的增加,BSMA 的运行时间增长很快,而 DLMR 几乎呈线性增长。

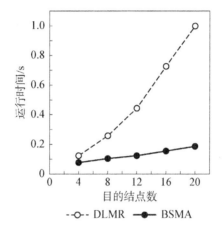

图 2-17　DLMR 和 BSMA 算法平均运行时间比较

第 3 章

分层多播拥塞控制

网络拥塞是指对网络资源的需求接近或超过其供给的能力,而导致网络性能严重下降的一种状态。网络拥塞会导致高丢失率、大的端到端时延,缺乏控制的网络拥塞甚至会网络死锁。然而,基于 UDP 协议的 IP 多播缺乏拥塞控制机制,会对有拥塞控制的 TCP 应用形成资源抢占的优势,导致网络资源共享的不公平性。此外,多播流涉及的用户众多,造成拥塞的危害比单播流的大得多。随着,多播骨干网 MBone 的建立以及基于 IP 多播流媒体应用的增加,随着多播应用范围的扩大,缺乏合适、完善的拥塞控制机制的问题变得更加突出,对 Internet 上其他应用的影响也越来越大。因此,对多播拥塞控制进行深入研究显得很有必要。

3.1　多播拥塞控制问题

多媒体技术在自诞生后的近二十年中得到了迅速发展和应用,其主要目标就是要满足人们对各种信息处理和交流的需求,因此以信息交流为主要目标的多媒体通信在多媒体技术领域将占据极其重要的位置。显然,多媒体通信离不开网络的支持,它需要网络提供满足特定服务质量需求的保证。然而,作为 Internet 核心的、以尽力传送方式为特征的 IP 网络不提供任何的服务质量保证,在这样的网络环境下进行多媒体通信很难获得满意的结果,但由于 IP 网络过去的成功以及现有的主导地位,出于保护现有的巨大投资目的以及 Internet 迅猛发展的现状,可以预见 IP 网络不但在很长一段时间仍将发挥作用,将来还可能吸引新的投资。鉴于多媒体通信特别是数字视频通信要消耗大量网络资源,考虑能有效地节省网络资源的多媒体传输方法就显得很有必要。

目前在 Internet 上基于多播传输进行音频、视频传输的应用已越来越普遍。然而,在 Internet 中使用多播进行多媒体传送特别是视频传送时,还存在许多亟待解决的问题。妨碍视频多播传输的最大障碍在于缺乏多播流量/拥塞控制。典型的 IP 多播流是 UDP 流,和 TCP 流相比,缺乏必要的拥塞控制机制,而 TCP 流主要采用闭环的端到端拥塞控制机制,这样缺乏控制的多播流将会攫取过多的可用网络资源,而只给单播流(如 TCP 流)太少的网络资源,造成对行为规范的 TCP 流的极大不公平性。这无疑会影响当前 Internet 中占主导地位的使用 TCP 协议的 http 和 ftp 服务;此外,在 Internet 进行视频广播还会因异构性面临新的公平性问题,不同的用户在网络带宽、端系统处理能力、需求等诸多方面存在差异。这种在众多接受者间的差异会导致不同用户的公平性问题。如果按单一速率进行视频多播,选择较低速率、条件好的接收者觉得没有得到满意的服务;选择较高的速率、条件差的接收者会面临包大量丢失所导致质量恶化,目前公平性问题已成为在 Internet 上多播视频流所必须面对的基本问题。

目前对于理想的视频通信,Internet 带宽资源显然无法满足需要,网络资源的缺乏将不可避免地导致网络拥塞的发生,然而,多播流由于缺乏对网络拥塞的必要反应和控制,当网络发生拥塞时,多播流不会降低发送速率,一方面会影响网络拥塞的及时消除,严重时还会造成网络吞吐量急剧下降甚至网络瘫痪的后果。在另一方面,由于 TCP 会话采用基于窗口的由发方控制的"友好"减半发送策略来缓解网络拥塞,不受约束的多播流会在以后的带宽竞争中使 TCP 流得不到资源而"饿死"。显然,没有合适的多播拥塞控制机制,多播流的引入将会威胁网络的正常运转。

为此,对多播流行为进行恰当地规范和控制,使多播流与 TCP 流能公平地共享网络资源是在 Internet 中进行多媒体通信亟须考虑的关键问题。

3.1.1   多播拥塞控制研究的现状与进展

基于 Internet 的多播拥塞控制的主要目标:①避免因网络资源不足引起的网络拥塞和死锁;②使多播流和 TCP 流能公平地共享网络资源。由于典型的 IP 多播流是没有拥塞控制的 UDP 流,为避免这样无控制多播流对 TCP 流过大的危害,需要寻找有效的多播拥塞控制算法和协议,国内外学者对此进行了多方面的研究。目前,主要的拥塞控制算法可分为三类:一是采用流隔离机制对不同流进行隔离;二是使用基于窗口或基于速率的端到端拥塞方法;三是价格机制以经济手段来控制资源的共享。

流隔离机制[52]主要依靠路由器对不同流进行尽可能地隔离,并尽可能避免对其他流的影响。这种方法实质上是使用单独流调度机制(per-flow scheduling mechanisms)来规范每个尽力传送流对带宽的使用。尽管这种方法能提供良好的公平性,但是以更换大量路由器和增加路由器状态为代价的。仅依赖价格机制进行控制则会导致一种危险的赌博。而由于 TCP 端到端拥塞控制机制是 Internet 具有良好健壮性的关键因素,同时,端到端拥塞机制还提供了良好的灵活性,因此是三种方法中备受关注的方法。

要解决网络资源的公平性问题,首先要确定公平定义的准则。目前 max-min 公平已作为一个普遍接受的公平准则。max-min 公平定义已广泛用于单播拥塞控制协议中。为了解决在 Internet 进行多播时存在异构问题,提出了一些能多速率传输的多播分层技术(multicast layering),其中有 RLM(receiver-driven layered multicast)[54]协议、DSG(destination set grouping)[55]协议和 LVMR(layered video multicast with retransmission)[56]协议。多播分层技术的使用对网络的公平产生了很大的影响,Rubenstein 等[57]研究了多播分层技术对网络公平性的影响,将 max-min 公平性定义推广到多速率多播环境中,并给出了多速率多播 max-min 公平的相关性质。Jiang[58]最先提出了用户间公平性(inter-receiver fairness)的概念,并通过对这种公平性进行量化定义来设计网络协议以改善不同用户间的公平性。

带宽分配是进行流控制的一个基本问题,多播流的加入更增加了网络带宽分配的难度。目前,如何为单播流和多播流进行带宽分配还存在争论,一种思路是鼓励使用多播传送,和单播流一对一通信相比,一对多的多播流应获得更多的共享带宽。Legout 等[59]研究单播流和多播流的带宽申请策略,提出了三种带宽分配策略,以在获取最大用户满意度和公平共享网络带宽间取得更好的平衡。

要在 Internet 中实现单播流与多播流公平共享资源,多播拥塞控制算法的一个核心课题是如何设计类似 TCP 的"友好"的公平控制算法。Mahdavi 等[60]提出了一个 TCP 友好的基于速率的单播流控制方案,它是通过发送方根据从接收方的反馈来监测所有的分组丢失率,这一方案解决了传统基于速率的反馈方案中反馈信息无法及时到达的问题,但其他的问题(如丢失速率估计中的迟缓和网络缓冲溢出的危险)仍然存在。Floyd 等[61]讨论了在 Internet 中使用缺乏拥塞控制的 best-effect 通信所带来的负面影响和潜在威胁,提倡在 Internet 中采用由路由器支持的端到端拥塞控制机制。Wang 等[62]在当前 Internet 架构上提出一个基于窗口的能在单播流和多播流获得一定公平性的随机监听 RLA(random listening algorithm)

控制算法。Vicisano 等[63]则针对分层多播数据传输提出了一个类似 TCP 友好的拥塞控制算法,算法需建立多个多播组,通过多播的加入/离开机制以类似 TCP 拥塞控制算法的方式实现不同流公平共享网络带宽的目的。

端到端拥塞控制算法作为一种闭环方法,反馈的处理就是其中的一个重要环节。和一对一的单播相比,多播拥塞控制中的反馈处理将面临许多新的难题。无论使用何种方式反馈,多播都将面临处理大量反馈信息的问题。这在可靠多播中将更为突出。Ammar[53]则采用概率机制选择性地限制反馈信息的产生。由于拥塞,不可避免出现包丢失,因而也面临反馈信息丢失的情况。Bhattacharyya 等[64]提出了基于源的多播拥塞控制算法中存在的丢失路径多样性 LPM(Loss Path Multiplicity)问题,如果将简单地包丢失作为拥塞信号,多播的传输速率将会被丢失路径的增多所扼杀。

多播拥塞控制算法都采用基于速率自适应控制方法,这种方法的基本框架是:发方根据定期获得的丢失信息调节其发送速率,调整策略通常采用 TCP 控制所采用的无拥塞时线性增加其速率;拥塞发生时,将其发送速率减半。对于采用这样机制的多播拥塞控制算法来说,关键问题是确定何时进行速率调整。Montgomery[65]提出了一种基于使用一个门限来确定平均丢失率容许丢失速率控制器方案,算法仅响应最拥塞的路径而不理睬一般的其他丢失信息。Sano 等[66]提出了一个双门限检测的基于监视器的流量控制方案,两个门限分别是丢失率门限和丢失人数门限,两个门限分别用于收方和发方判断拥塞发生的依据。

3.1.2　多播拥塞控制的三个基本问题

带宽的公平共享是拥塞控制必须考虑的问题。尽管如何在单播和多播应用间公平的共享资源还存在争论,但让多播应用在带宽共享上具有 TCP 友好公平性则已有一定的共识。然而目前的分层多播拥塞控制协议大都存在缺乏 inter-sessions 公平性,特别是 TCP 友好公平性的问题。

1. 端到端分层多播拥塞控制

基于收方的分层多播 RLM 协议[54]是最先研究分层多播拥塞控制的协议,其基本原理是采用加入实验(join-experiments),即预订下一个数据分层,来尝试网络是否有足够的带宽,当实验后检测到拥塞信号则取消放弃新预订的分层。显然,失败的加入实验会导致网络拥塞,因此 RLM 协议采用一个共享学习策略来控制和减少失败实验的频率。然而,RLM 协议也存在一些问题,首先,RLM 协议没有考虑资源共享时的公平性问题,不保证 TCP 友好公平或不同流间公平性。其次,RLM 协议的加入试验带有一定的盲目性,容易导致网络拥塞,而由于多播存在 leave 时延问题,拥塞解除通常需要较长的时间(通常是几秒)。此外,分层多播要获得较高的效率,必须让位于同一瓶颈链路后的所有接收者能够同步预订或取消分层的决策。

为解决 RLM 协议存在的问题,RLC 协议[63] 提出了一个类似 TCP 协议的分层多播拥塞控制方案。RLC 协议采用一种分层速率按指数级递增的速率分配机制,即当前分层速率为前一分层速率的两倍。同时,让增加每个分层前的无丢失等待时间也按指数递增。通过这种机制,RLC 协议可实现类似 TCP 速率减半的行为。此外,为改善位于同一瓶颈链路后不同接收者间的同步,RLC 提出只能在同步点 SP 增加新分层。RLC 发送者在同步点到来前发送一些突发流,突发流的速率为每层带宽的两倍,通过这种短期的突发流来探测剩余带宽,避免盲目的加入试验。尽管 RLC 协议作出了诸多改进,和 TCP 协议类似,RLC 协议的倍数分层机制也将导致带宽的剧烈振荡,影响系统的效率,同时,同样会导致资源共享的公平性问题。另外,RLC 协议提出的突发流带宽探测技术也存在争议,若大范围使用必然会引入众多的突发流。

为实现 TCP 友好公平性,MLDA 协议[67] 采用基于 TCP 速率方程的速率控制来获得 TCP 友好公平性。MLDA 是一个基于发方/收方混合的分层多播控制协议,收方完成友好速率的计算,发方汇总速率调节信息后对分层速率进行调节,收方则根据各自速率要求完成分层预订或取消。MLDA 协议使用定期发送 RTCP 报告来完成收方和发方的信息交换。由于 TCP 速率方程需要知道巡回时间 RTT,MLDA 借助定期发送的 RTCP 报告采用复杂的机制来精确估计 RTT 的值。显然,反馈的处理增加了算法的复杂性和可扩缩性问题。由于发方负责汇总报告速率以及调节各分层速率,将会面临较大压力。

目前,拥塞控制协议主要通过隐式拥塞信号(如丢失、超时等)来进行的。如今为改善拥塞控制协议,出现了另一类拥塞信号,如显式拥塞信号 ECN。ECN 信号可传递网络提供给端用户拥塞信息。IETF 提出了在 IP 中使用 ECN 的方案[68],目前主要用于 TCP 协议中。主动队列管理机制(如 RED[78])通过设置 ECN 标记来进行拥塞的早期预告,可避免不必要的包丢失。ECN 还可用作传递拥塞价格信息,这使得基于拥塞价格机制的拥塞控制更宜于实现。此外,ECN还使在现行网络条件下实现一定程度区分服务成为可能。为此,基于ECN的拥塞控制方法[69]也逐渐受到重视。

Kelly等[70]提出了基于效用优化的拥塞价格模型,并将其用于拥塞控制的速率控制,在基于拥塞价格的速率控制模型中,ECN被用作表示拥塞价格。Wischik等[71]介绍了公平的ECN标记方法。Laevens等[72]对基于ECN的端到端拥塞控制框架进行了实验和评估。Gibbens等[73]提出在尽力传送路由器的网络中通过ECN标记来获得一定的区分服务质量(differential QoS)。

2. 单播流与多播流间资源分配

Internet工程任务组(IETF)编制了开发TCP友好多播拥塞控制方案的指南[74],该指南建议将一个多播流等同为一个单播流。

然而,Legout等[59]指出在资源共享时多播流等同于单播流会导致众多的多播用户缺乏必要的满意度,降低使用多播的激励作用。为此,Legout等提出新的基于用户数目的分配策略(logRD)来实现鼓励多播的使用。logRD分配策略将不再把多播流与单播流一视同仁,而是根据多播用户数的多少对多播流在资源分配给予一定的侧重,同时为保证对单播流一定的公平性,采用对数函数对多播用户数在分配上的作用进行限制。

另一种更广义的TCP友好公平是有界公平性(bounded fairness)概念[62],有界公平性定义了一种多播的公平分配,其基本定义是在资源分配中,一个多播流获得带宽资源是与其处在同一瓶颈链路的一个TCP流获得带宽有限倍,即 $a \times r_{TCP} \leqslant r_{mcast} \leqslant b \times r_{TCP}$,其中 a 和 b 与多播流的接收者的数目有关。当 $a=b=1$ 时,有界公平性相当于TCP友好公平性。有界公平性消除了对TCP流的偏好。

近年来,对拥塞资源进行有效分配问题的研究很活跃。其中,MacKie-Mason等[75]主张引入价格机制进行资源分配,提出采用基于竞标的方式——smart market机制。Kelly等[70]则提出基于效用最优的资源共享模型,认为可按一定的公平准则(如比例公平(proportional fairness))进行资源分配。比例公平可以通过拥塞价格与端用户的速率调节间的相互作用来实现,为在现有IP网络结构上实现资源分配上的区分服务提供了可能。显式拥塞信号ECN[68]是新近提出用于在Internet向端系统或应用提供拥塞信息的一种方法,其目的是鼓励或强制用户进行合作,以便使网络尽可能处于非拥塞状态。

3. 多播拥塞控制中的 leave 时延

分层多播拥塞控制中对拥塞的响应是通过组成员发出 leave 请求进行的,因此拥塞响应的速度取决于互联网组管理协议 IGMP 中 leave 的实现机制。遗憾的是,在现有的 IGMP 协议中,由于不保存组成员信息,多播路由器在停止转发多播数据之前必须通过多次轮询来确认是否还有其他的有效成员存在,而在轮询时间内路由器并不停止转发多播数据,因此这种较长的轮询时延会导致拥塞响应慢,造成对拥塞响应迅速的 TCP 流的不公平性。

尽管 RLC 协议[63]采用同步点技术和使用较大时间参数的方法可部分缓解这一问题,但过大的时间参数会减慢拥塞反应速度,而减小时间参数值会增加不同步的机会,同样导致较大的 leave 时延。

Rizzo[76]提出一种在 IGMP 协议中实现加速 leave 过程的快组管理方案,但在该方案中需要对现行的 IGMP 协议作部分修改。

FLID - DL 协议[77]利用动态分层的概念在 RLC 协议的基础上着重解决了 leave 时延问题。使用动态分层,每个分层的带宽会随时间而减少,接受者必须定期加入新的分层来维持和增加接受速率,减少速率可简单地变为不增加额外的分层。FLID - DL 使用 digital fountain 编码技术来实现分层速率随时间的递减过程。但所有组成员必须不停地定时加入动态分层来保持接收速率。

随着 Internet 日益庞大,仅依靠端到端的控制显得有些力不从心,Floyd 等[61]认为有必要让路由器在端到端拥塞控制中发挥更主动和积极的作用。Floyd 等[78]提出作为一种主动路由器管理机制随机早期检测更能使路由器避免网络拥塞的发生。Braden 等[79]则提出在路由器中广泛使用主动队列管理来保护 Internet 使其免受拥塞信号缺乏反应流的损害。Ramakrishnan[68]提出在 IP 中增加显式拥塞通知信号来加快拥塞的响应。

概括起来,现有多播拥塞算法的主要问题是在资源申请方面,单播流和多播流间资源的分配方法还没有达成共识,多播 max-min 公平理论和算法还不成熟。在公平性问题上,对不同流公平性和不同用户公平性还没有统一的定义,已有的许多 TCP 友好算法尚无法提供的令人信服的公平性保证。控制算法中算法效率与可扩缩性还有待改善。因此我们力图以 max-min 公平准则为基础,以端到端多播拥塞算法为的研究重点,寻求多播流与 TCP 流的友好公平共存系统化解决方法。

3.2   多播拥塞控制模型

3.2.1   多速率分层多播模型

在 Internet 进行多播传输时会面临不同的用户在网络带宽、端系统处理能力等多方面存在差异,如果按统一的单速率进行多播传输,这种差异会导致不同用户间存在严重的服务质量公平性问题,是很难获得满意效果的。要解决这种异构性问题,理想的方法是提供多种不同速率的多播,以便不同的用户能获得满意的速率和服务。

多速率多播实现的基本方法是采用多个多播组,分别在不同的多播组传输数据,根据数据组织方式的差异,多速率多播可分为以下两种实现策略。

(1) 重复流多播(replicated-stream multicast)[55]:发方分别向不同组多播具有不同质量和速率的数据流,收方则根据网络情况和自身处理能力选择合适的组接收数据信息。在传输过程中,收方还可根据网络的变化通过组离开/加入机制选择不同速率的数据流。该方案简单,也有效改善了用户公平性,但不同组间的信息存在部分冗余,一定程度加剧了资源浪费和紧张。

(2) 分层多播(layered multicast)[54]:这种策略依赖能将数据流分成若干分层的压缩编码方法,编码输出的分层中有一个基层和若干增强层。基层提供基本的信息,可以被独立解码;增强层提供对基本信息质量的改善和增强,但必须和基层联合解码。依赖这种编码,发方可在不同组多播不同的分层。接收者首先必须加入播送基层的组,同时则根据网络情况和自身处理能力选择合适的组接收增强层数据,通过不同分层数据的累加形成多种不同的多播速率。分层多播避免了不同组间信息的冗余,更有效地节约了带宽资源,是目前解决异构性的最有效方法。基于这个原因,我们的工作将建立在累进的分层多播之上。

多速率多播不但有效解决了 Internet 中的异构性问题,也彻底改变了多播拥塞的控制方式。传统的拥塞控制方式是基于发方驱动的方式,即由发送者负责通信流调节,发送者维护所有接收者的状态信息。然而,当发方要面对众多的收方成员,发方会变得不堪重负而严重影响控制性能,导致所谓的可扩缩性问题。多速率多播利用分层多播和多播的加入/离开机制将拥塞控制的主体由发方转移到收方,即收方驱动方案。在收方驱动方案中,由收方检测拥塞信号,根据拥塞信号通过多播的加入/离开操作进行有效的速率调节,从而完成拥塞控制。

分层多播拥塞控制模型为发方 S 将待传的数据流分为可累加的若干层 $L_i(i=1, 2, \cdots, N)$,其中 L_0 为基层(base layer),其余各层为增强层(enhancement layer),如图 3-1 所示。同时,申请 N 个多播组地址 $G_i(i=1, 2, \cdots, N)$,发送数据流时,在一个组多播传输一个数据流层 $L_i \to G_i(i=1, 2, \cdots, N)$。接收者利用多播的加入机制选择接收合适的数据层,加入不同数目的多播组可获得不同的接收速率,假定接收者 j 加入的最高层数为 n,则获得的接收速率为 $r_j = \sum_{i=1}^{n} L_i$。要减少接收速率时,可利用多播的离开机制,从当前最高层开始以递减顺序离开所对应的组。

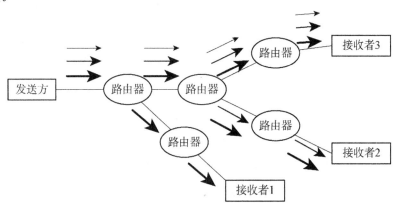

图 3-1　多速率分层多播示例

3.2.2　拥塞控制中的公平性原则

效率主要指利用资源而产生的效益;公平则指对资源的分配,两者是不同的甚至是相互抵触的。对于网络资源共享来说,狭义上效率可理解为系统的吞吐率,公平则意味资源共享的广泛性。在带宽共享策略中必须考虑公平性问题,因为采用网络的吞吐量最大的目标会带来某些用户无法获得带宽的问题。

目前对不同会话公平性主要考虑以下几种公平准则。

(1) Max-Min 公平[57]:假定 R 是网络中所有会话 S 的资源分配策略,如果 R 满足:①它是可行的,②对任意一个会话 $s \in S$,在存在 $\hat{R}_s \geqslant R_s$ 的每个可行的资源分配策略 $\hat{R}$,必然有另一会话 $t \in S$ 使得 $R_s \geqslant R_t$ 和 $R_t \geqslant \hat{R}_t$,则 R 是 Max-Min 公平的。

对于尽力而为的通信流以及其他权重相等的流来说,最大—最小公平可通过调度规则来实现。其中,广义处理器共享(generalized processor sharing,GPS)是实现最大—最小公平的理想机制。GPS 将每个流放在各自的逻辑队列中,然后依次为每个非空队列传输无穷小的数据量。每一轮都只传输无穷小的数据量,因此在任何有限的时间里,所有非空的队列都会被调度到,因此任何时候都是公平的。然而,GPS 在具体的实现中却无法实现。公平队列 FQ 调度通过为每个到达的分组计算序列号来模拟 GPS,但公平队列调度必须为每个流使用一个队列,同时还必须保存每个流的状态信息,实现的代价依然很大。

(2) 第二种公平性标准是比例公平性(proportional fairness)[70-80]。比例公平性本质上有最优化的思想,资源的分配要使所有接收者分得的资源的总和最大化。假设瓶颈链路上有 S 个连接会话,存在分配 x_s,如果任何另一种可能的分配 y_s 满足

$$\sum_{s=1}^{S} \frac{y_s - x_s}{x_s} \leqslant 0$$

那么分配 x_s 是比例公平的。比例公平性对具有更短的跳数的流并没有偏向性,这与最大—最小公平性是相反的。

比例公平可以通过所有网络端用户通过一个简单的速率控制方程来实现,网络无须了解各端用户的效用函数,也不要求端用户是合作的,网络只需提供拥塞价格或用于反映拥塞价格的反馈如 ECN 信号。在网络和所有自私端用户的共同作用下,将达到一种稳定。

(3) TCP 友好公平:如果一个非 TCP 流的长时限范围内的吞吐量不超过在同等条件下的一个 TCP 流的吞吐量,则流 F 是 TCP 友好公平的。

一个稳定状态下的 TCP 吞吐率近似公式为

$$T = \frac{1.5\sqrt{2/3}\,S}{RTT\sqrt{p}}$$

Padhye[81] 给出更为精确的 TCP 的吞吐量方程为

$$T = \frac{S}{RTT\sqrt{\frac{2p}{3}} + t_o \min\left(1, 3\sqrt{\frac{3p}{8}}\right) p(1 + 32p^2)}$$

其中,T 是吞吐量,S 是分组大小,RTT 是往返时间,t_o 是超时值,p 是丢失率。

3.2.3 基于效用最优的拥塞价格模型

假定 J 为网络中所有资源集合，C_j 为资源 j 的容量。路由 r 为 J 的非空子集，R 表示所有可能的路由。如果 $j \in r$，则令 $A_{jr}=1$，否则令 $A_{jr}=0$，这将定义一个 0—1 矩阵 $A=(A_{jr}, j \in J, r \in R)$。每一路由 r 上有一用户 r，该用户在路由 r 上申请的速率为 x_r，相应的效用函数为 $U_r(x_r)$，当 $x_r > 0$，效用函数 $U_r(x_r)$ 为递增的、严格凹函数且连续可微的。令 $C=(C_j, j \in J)$，$x=(x_r, r \in R)$。系统的最优化速率由下面的最优化问题确定：

$$\text{SYSTEM}(U, A, C)： \quad \max \sum_{r \in R} U_r(x_r)$$

$$\text{s. t. } Ax \leqslant C,\text{对所有的 } x_r \geqslant 0$$

由于目标函数是严格凹函数，满足系统效用最大的速率矢量 $\boldsymbol{x}$ 存在，并可用 Lagrangian 方法求解。Kelly 还将该优化问题中的 Lagrangian 乘子 μ_j 解释为通过一个单位流通过资源 j 的隐含代价（implied cost）；或者作为资源 j 增加额外容量的影子价格（shadow price）。

该系统优化问题可被分解为一个用户优化和一个网络优化。假定用户按其路由中资源的影子价格计费，即 $p_r = \sum_{j \in J} \mu_j A_{jr}$，用户的期望速率 x_r 是使其效用最大化的速率，即

$$\text{USER}_r(U_r, p_r)： \quad \max U_r(x_r) - p_r x_r$$

$$\text{s. t. } x_r \geqslant 0$$

同时，网络将从通过的流中获得收益，假定这种收益会随速率 x_r 的变化而变化，那么最大收益将由下列网络优化问题确定：

$$\text{NETWORK}(A, C, p_r)： \quad \max \sum_{r \in R} p_r x_r$$

$$\text{s. t. } Ax \leqslant C,\text{对所有的 } x_r \geqslant 0$$

Lagrangian 乘子 μ_j 为用户优化问题与网络优化提供了联系。Kelly 指出存在一价格矢量 $\boldsymbol{p}=(p_r, r \in \boldsymbol{R})$ 可求解出使用户优化的速率唯一解矢量 $\boldsymbol{x}=(x_r, r \in \boldsymbol{R})$，而它们也是网络优化问题的解，速率解矢量还同时是全局系统优化问题的解。这一现象也可从经济学的角度做解释：用户均为不合作的以追逐私利的自私者，

在各自谋求自己获益最大的同时也使社会总效益达到最优。

假定用户选择其单位时间愿意承担的价格为 w_r，其获得的带宽速率 x_r 与 w_r 成比例，即 $x_r = w_r/p_r$，其中 p_r 对用户 r 传输每个单位流所付费用。同时，假定网络知道 w_r，SYSTEM(U，A，C)还可分解为

$$\text{USER}_r(U_r，p_r)： \quad \max U_r(x_r) - p_r x_r = \max U_r\left(\frac{w_r}{p_r}\right) - w_r$$

$$\text{s. t. } w_r \geqslant 0$$

$$\text{NETWORK}(A，C，w_r)： \quad \max \sum_{r \in R} w_r \log x_r$$

$$\text{s. t. } Ax \leqslant C，\text{对所有的 } x_r \geqslant 0$$

系统优化问题 SYSTEM(U，A，C)的这种分解为可解释用户选择其愿意承担的价格 w_r，网络根据加权的比例公平准则进行资源分配，其中的加权为用户愿意承担的价格 w_r，得出的速率矢量也是全局系统优化问题的解。

3.3　基于 AIMD 算法的分层多播拥塞控制

带宽的公平共享是拥塞控制必须考虑的问题。尽管如何在单播和多播应用间公平的共享资源还存在争论，但让多播应用在带宽共享上具有 TCP 友好公平性则已有一定的共识。然而目前的分层多播拥塞控制协议大都存在缺乏流间公平性，特别是 TCP 友好公平性的问题。为提供 TCP 友好公平性，RLC 协议提出了一个类似 TCP 协议的分层多播拥塞控制方案。然而，RLC 协议必须采用一种分层速率按指数级递增的速率分配机制，这种机制将导致带宽的剧烈振荡，从而降低了系统的效率。MLDA 则采用基于 TCP 速率方程的速率控制来获得 TCP 友好公平性，收方需要向发方发送速率调节的反馈信息，反馈的处理增加了算法的复杂性并导致可扩缩性差的问题。

TCP 协议采用和式增加积式减少即 AIMD 算法的速率调节机制，在拥塞控制方面取得了成功，是 Internet 具有良好健壮性的关键。Kelly 等[70]通过系统的效用优化也得出：对于单播应用，只要端用户均遵守和式增加积式减少的速率调节机制，网络将最终收敛于总体效用最优。这种速率调节机制不仅能提供按比例公平的带宽共享，还有理想的稳定性和收敛速度。因此，尽管 TCP 协议采用针对每

个拥塞信号就将速率减半的策略不太适合实时流的应用,但采用 AIMD 算法来在分层多播中实现 TCP 友好公平性看来是一种好的尝试。

3.3.1　AIMD 算法及其新进展

用于拥塞控制的 AIMD 算法提供了一种根据拥塞反馈信息调节速率、控制网络通信量的方法,即如果没有反馈信息,则按线性方式增加其速率,将通信速率增加一个常数值;否则,按按几何倍数方式减少,减为原速率的几分之几。Internet 的稳定性很大程度依赖于其核心协议——TCP 协议中的拥塞控制算法。TCP 协议中的拥塞避免就是基于 AIMD 算法:TCP 连接通过间歇地线性增加拥塞窗口来探查剩余带宽,如果侦测到网络拥塞情况,就将拥塞窗口减小为原来的一半。在反馈同步的前提下,Chiu 等[82]证明了 AIMD 控制机制能收敛于一个稳定和公平的操作点。

Kelly 在网络资源的共享中也借鉴了经济学中的概念和方法,并提出了基于效用优化的速率控制模型。假定 J 为网络中所有资源集合,路由 r 为 J 的非空子集,每一路由 r 上有一用户 r,该用户在路由 r 上申请的速率为 x_r,相应的效用函数为 $U_r(x_r)$,当 $x_r > 0$,效用函数 $U_r(x_r)$ 为递增的、严格凹函数。令 $C_j(y)$ 表示资源 j 在通信负荷量为 y 时的费用(cost)值。假定 $C_j(y)$ 是可微的、严格凹函数,令 $p_j(y) = \dfrac{\mathrm{d}}{\mathrm{d}y} C_j(y)$。考虑系统控制方程:

$$\frac{\mathrm{d}}{\mathrm{d}t} x_r(t) = k_r \Big(w_r - x_r(t) \sum_{j \in r} \mu_j(t) \Big) \tag{3.1}$$

$$\mu_j(t) = p_j \Big(\sum_{s: j \in s} x_s(t) \Big) \tag{3.2}$$

Kelly 证明了当 $w_r > 0$ 对任何 $r \in R$,则函数 $u(x) = \sum_{r \in R} w_r \log x_r - \sum_{j \in J} C_j$ ($\sum_{s: j \in s} x_s$)是微分方程 3.1 和 3.2 的李亚普诺夫函数,$\max u(x)$ 的唯一解 x 是系统的平衡点。

速率控制方程 3.1 和 3.2 为类 AIMD 算法的有效性提供了理论依据,其中 $p_j(y)$ 可看作资源 j 在通信负荷量为 y 时标记的反馈信号,这些信号可被端用户解释为拥塞信号并采取相应的速率调节措施。当 $p_j(y) = 0$ 时,速率增加一个固定常量(和式增加);当 $p_j(y) > 0$,速率减少为原速率的 $1 - \beta$(积式减少)。

3.3.2　往返时延 RTT 的估计

分层多播流和 TCP 流存在不同的特点，AIMD 算法用于分层多播拥塞控制要面临以下问题。

（1）反馈内陷问题：如果需要发方调节发送速率，就必须获得来自收方的反馈信息，控制协议必须避免反馈内陷问题。如果采用反馈汇总机制或反馈抑制来反馈内陷问题会增加反馈时延，影响协议性能。

（2）往返时延 RTT：由于缺乏同步时钟，收方将很难快速、准确地确定他的往返时延。

（3）速率的平滑调节：多播常用于传输多媒体流的应用，速率的急剧变化会严重影响接收的质量和效果，并且视频流应用也容许有一定的丢失率，针对偶尔的丢失便立即降低速率的策略也需要重新考虑。

对于单播通信，包的往返时延是发方通过计算发送该包的时间与收到该包确认的时间差，由于包发送时间和包确认到达时间均由发方进行测定，因此无须在发方与收方间进行时钟同步。将这种方法用于多播会遇到过多确认形成的反馈风暴问题。

按分层的结构将所有组成员组织成分层树的方法是解决反馈风暴的一种方法，Golestani 等提出通过测量包的单向时延以及收方到发方间的反馈传输时延或收方到其分层树中父结点的反馈传输时延来估计 RTT[83]。然而，为了确定包的单向时延，这种方法需要发方与收方之间的时钟同步，这在当前的 Internet 是很难保证的。Basu 等[84]提出了一个避免时钟同步的估计收方往返时延的算法，该算法依然采用分层树的方法将组成员组织起来，由分层树中的父结点收集子结点的反馈信息，通过递归的方式完成组成员的往返时延估计。

对于非可靠的多播通信来说，没有为保证可靠传输的确认 ACK 或丢失报告 NAK 等反馈信息可以利用，单纯为估计往返时延的估计来增加反馈信息无疑显得代价过大，况且将所有组成员按分层树组织也是很复杂且很困难的，特别是中间父结点的选择问题。为此，更为可行的方法是考虑一种无须反馈的往返时延估计方法。

一个简单更可行的方法是由收方通过测定单向传输时延来估计各自的 RTT，即 $T_{\mathrm{RTT}}=2\times(T_{\mathrm{receive}}-T_{\mathrm{send}})$。显然，这种方法需要发方和收方间存在同步时钟。然而，目前的 Internet 还很难保证时钟同步，特别是在很大的范围内。此外，由发方到收方的单向传输时延与其反向传输时延也存在不一致的情况。

目前的多播路由协议分为两种模式：密集模式和释疏模式。密集模式的多播路由协议如 PIM - DM 采用广播和修剪的方式建立多播路由,适合组成员相对比较集中、密集的网络,或广播-修剪操作所带来的负担相对网络资源是很小的。然而,当组成员分别属于地理位置相隔较大的子网中时,换句话说,当组成员分布较为分散时,使用密集模式的多播路由协议会导致较大的网络负担和严重的可扩缩问题,而释疏模式的多播路由协议如 PIM - SM[85] 则更为有效地避免上述问题。目前,释疏模式的多播路由协议已成为包含多个互联网络、多管理域的广域网中常用多播路由协议。为此,以下讨论将着重考虑释疏模式的多播路由协议。

与协议无关多播-分散模式协议(PIM - SM)的一个特点是收到用户加入请求的末端路由器会向多播树中心-聚合点(rendezvous point)方向发送显式的加入请求,以便建立连接组成员的共享多播分发树。

基于 PIM - SM 协议,本书提出一种新的收方至发方往返时延 RTT 估计方法。由于分层多播拥塞机制采用收方驱动的控制方式,即由收方作为拥塞控制的主体,因此由收方负责到发方之间的往返时延较为合适。

我们将收方至发方往返时延 RTT 定义为每个收方的往返时延等于发出加入接收请求到实际接收到第一个数据包的时间间隔,即 $T_{\text{RTT}} = T_{\text{receive}} - T_{\text{join}}$,其中 T_{join} 表示组成员发出加入多播组的请求时间,T_{receive} 表示收方收到第一个数据包的时间。显然,这一 RTT 估计方案无须反馈信息,避免了反馈风暴问题;同时,也无须收方与发方间的时钟同步。

收方的往返时延在预订下一个新层之前将不做更新,每当收方加入新层时,获得新的往返时延值 T_{RTT}。为此需要计算收方的平均往返时延。我们采用类似 TCP 采用的低通滤波器方式来计算平均往返时延 $\bar{T}_{\text{RTT}}$:

$$\bar{T}_{\text{RTT}} = (1-\varepsilon) \times \bar{T}_{\text{RTT}} + \varepsilon \times T_{\text{RTT}}, \text{其中}, \varepsilon = 0.125$$

根据多播路由协议,收方的加入请求不一定会到达分发树的树根,因此,获得的往返时延估计值可能小于实际的往返时延值。一个改进的方法是若获得的往返时延值 T_{RTT} 过小,则权值 ε 选择较小的参数来减小新往返时延值的影响;否则加大 ε 的值来增加新往返时延值的影响。一个简单的方案:

$$\varepsilon = \begin{cases} 0.125 & T_{\text{RTT}} \leqslant \bar{T}_{\text{RTT}} \\ 0.250 & T_{\text{RTT}} > \bar{T}_{\text{RTT}} \end{cases}$$

3.3.3　速率调节原则—慢增慢减

AIMD(α, β)控制算法可表示为

$$增加：x_{t+RTT} \leftarrow x_t + \alpha；\alpha > 0 \tag{3.3}$$

$$减少：x_{t+\delta t} \leftarrow (1-\beta)x_t；0 < \beta < 1 \tag{3.4}$$

TCP 协议中拥塞闭使用的控制算法可表示为 AIMD(1, 1/2)。即在拥塞避免阶段，当 TCP 发送方从接收者收到一个确认（ACK）时，拥塞窗口 CWND 将增加 1/CWND；而当重传定时器超时或收到对同一报文的重复 ACK 时，将 CWND 设置为当前 CWND 的一半。对于音频/视频应用来说，速率折半的骤减会严重影响这类应用的实时回放效果，因此要求分层多播的速率调节更为平滑。要实现速率的平滑调节，基本的措施便是降低 AIMD 算法中 β 因子的值。然而，简单的减少 β 因子可能会导致公平性问题，具体地说就是减少 β 后的 AIMD(α, β)会比 TCP 所使用的 AIMD(1, 1/2)获得更多的网络共享资源。为兼顾速率的平滑性和资源共享的公平性，我们提出慢增慢减的速率调节原则。慢增是指减小(3.3)中的 α 值；慢减则是减小(3.4)中的 β 值。

AIMD(α, β)的吞吐量函数可近似表示为 $T_{a,\beta} = \dfrac{\sqrt{2-\beta}\sqrt{\alpha}}{\sqrt{2\beta}\,t_{rtt}\sqrt{p}}$。

TCP 的吞吐量函数可近似表示为 $T_{TCP} = \dfrac{\sqrt{1.5}}{t_{rtt}\sqrt{p}}$

Yang 等[86]指出，选择满足条件(3.5)的 AIMD(α, β)可获得与 AIMD(1, 1/2)相同的公平性，即具有完全的 TCP 友好性。

$$\alpha = \frac{3\beta}{2-\beta} \tag{3.5}$$

和基于窗口控制的 TCP 体制相比，分层多播的速率增加自然呈现一种慢增特性，这是由于分层多播速率的增加呈现阶梯状的离散变化，在速率增加值小于下一个分层速率时，它将一直保持原来的速率。分层多播速率的慢减既降低了速率的剧烈振荡，也在吞吐量上与 TCP 取得了相应的均衡。

3.3.4　拥塞信号与响应策略

拥塞的响应策略是拥塞控制的核心,它不仅涉及拥塞的解除,还关系到资源的再分配,资源的分配要体现一定的公平性。拥塞响应的策略与表示拥塞的信号有关。拥塞信号可分为隐式拥塞通知信号和显式拥塞信号(ECN)两类。隐式拥塞通知信号指网络不向端系统提供任何拥塞指示,拥塞信号由端系统根据丢失、定时器超时等信号隐含确定。显式拥塞信号则由网络提供专门的拥塞指示信号。由于两类拥塞信号的不同特性,导致拥塞响应的策略也有差异。

拥塞信号的提供与网络中使用的队列管理方式有关,目前 Internet 路由器最常用的是截尾(DropTail)队列管理,其处理方法是先来先服务,并丢掉从队列溢出的任何包,它只能提供隐式拥塞信号。端系统通过有无隐式拥塞信号,可判断网络的当前状态。显然,当端系统获悉隐式拥塞信号时,网络已处于拥塞状态了,这就要求采取较快的拥塞响应策略来消除网络拥塞。

显式拥塞信号通常由使用主动队列管理如 RED[78] 的路由器提供,当队列的平均长度超过预订的门限值时,RED 采用一个随机标记算法来给出显式拥塞信号。显然,这是一种带有拥塞避免特性的拥塞预告信号,对它的响应可采用更为和缓的响应策略。

为描述方便,我们将(3.3)、(3.4)的 AIMD 算法改写为

$$x_{t+RTT} \leftarrow \omega(x_t + \alpha) + (1-\omega)((1-\beta)x_t) \text{ 当速率增加时 } \omega=1; \text{否则 } \omega=0。$$

令 p_t 表示在第 t 个往返时延内获得的拥塞信号数,拥塞响应策略 S 可表示为

$$S(t)=\begin{cases} \omega=1 & p_{t-1}+p_t=0 \\ \omega=0, \beta=1 & 0<p_{t-1}+p_t \leqslant m_1 \\ \omega=0, \beta=1/k_1 & m_1<p_{t-1}+p_t \leqslant m_2 \\ \omega=0, \beta=1/k_2 & p_{t-1}+p_t>m_2 \end{cases}, k_1>k_2>1$$

其中,m_1、m_2 为拥塞信号预设门限值,当获得的拥塞信号数超过 m_1 时便认为有拥塞发生,需要按照 AIMD 算法降低速率。当获得的拥塞信号数超过 m_2 时,认为网络处于严重拥塞状态,需要加大参数 β 的值以便尽快消除拥塞。当获得拥塞信号但拥塞信号的数量小于 m_1 时,将停止速率的调节过程,以便进一步判断网络是否真正出现拥塞。拥塞信号数的统计采用相邻两个往返时间内获得拥塞信号的数量和,这样选择的目的在于获得更为真实的网络状况,既避免速率盲目增加,又能减少对拥塞信号的过急反应。该拥塞响应策略提高了拥塞响应的灵活性,针对不

同类型的拥塞信号,可选择相应的控制参数 m_1、m_2、k_1 和 k_2。

3.3.5　基于 AIMD 的分层多播拥塞控制算法描述

在分层多播中采用反馈的目的在于发方可根据需要调节各分层的速率,以便改善带宽利用效率和传输效果。然而,由于反馈控制中的内陷问题、可靠性问题导致的复杂性和处理负担可能会抵消所带来的好处,对于规模较大的多播应用来说,还面临可扩缩性难题。为此,杨明等[87]提出了基于 AIMD 算法的分层多播拥塞控制,该方案采用无反馈的控制方法。

算法包括慢启动阶段、拥塞避免阶段和拥塞恢复阶段。由于速率慢增的过程可能导致算法的收敛速率慢、带宽利用率低的问题,为此,可采用和 TCP 协议控制算法中类似的慢启动过程来解决这一问题。在慢启动过程中,速率以往返时延为单位按几何级数递增,最后由慢启动门限或拥塞信号中止慢启动过程。慢启动门限的初值设为所有分层速率和的一半,而当网络拥塞时,慢启动门限也作相应的调整。具体的调整方式是将慢启动门限设置为当前预订分层速率和的一半。

假定 x_t 为收方的当前速率,n 为收方目前预订的分层数,n_{max} 为最大分层数,L_i 为分层 i 的速率,$S(t)$ 为拥塞响应策略,sthresh 表示慢启动门限。收方的平均往返时延 $\overline{T}_{RTT}$ 按 3.3.2 所介绍的方法确定和更新,算法以 T_{RTT} 为处理时隙。在一个平均往返时延内的基本控制算法控制框架如图 3-2 所示。

$$x_t \leftarrow \text{AIMD}(\alpha, \beta)$$
$$\text{if } (x_t \geq \sum_{i=1}^{n+1} L_i) \text{ and } (n < n_{max}) \text{ then}$$
$$n \leftarrow n+1;\text{ 预订新分层}$$
$$\text{else if } (x_t < \sum_{i=1}^{n} L_i) \text{ and } (n > 0) \text{ then}$$
$$\text{sthresh} \leftarrow \max(L_1, 0.5 \times \sum_{i=1}^{n} L_i);$$
$$n \leftarrow n-1;\text{ 取消当前分层}$$
$$(\omega, \beta) \leftarrow S(t)$$

图 3-2　算法的基本控制框架

收方根据 AIMD 算法计算当前速率 x_t,该速率表示收方可获得相应的带宽资源。若当前速率大于下一新分层的累加速率且未达到最大分层时,收方便可通过加入一多播组预订下一分层;若当前速率小于当前分层的累加速率且还至少预订着一个分层,则收方通过离开当前分层所在的多播组来取消当前分层;否则,收方既不预订新分层也不取消当前分层。当收方加入一多播组预订下一分层时,将负责测量该层的往返时延 T_{RTT},并重新估计新的平均往返时延。而当收方离开当前分层所在的多播组来取消当前分层时,算法将重新设置慢启动门限。在每个处理时段中,算法根据收方所处状态利用响应策略确定下一处理时段的 AIMD 参数。

3.3.6　收方状态机

收方是速率的控制主体,收方包括四个状态:加速状态(A)、检测状态(M)、拥塞状态(C)和弃层状态(D),如图 3-3 所示。

加速状态 A 表示网络尚有空闲资源,可以进行增加速率。该状态包括慢启动阶段和拥塞避免阶段。当速率小于慢启动门限时,处于慢启动阶段;否则进入拥塞避免阶段。慢启动阶段,当前速率将程几何方式增加;而在拥塞避免阶段,速率将成线性增加。在加速状态,当前速率 x_t 将增加状态,当条件 $x_t \geqslant \sum_{i=1}^{n+1} L_i$ 满足时,预订新的分层。在收到拥塞信号后,进入检测状态 M。

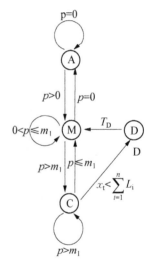

图 3-3　收方的状态自动机

检测状态 M 表示收方检测到拥塞信号,但网络是否真正拥塞尚需进一步核实,因为拥塞信号可能是由于瞬间的数据突发造成的,或是由于与其他接收者共享链路时由其他接收者过度预订造成的,或是收方的预订的确导致了目前的拥塞。这些不同的情况需要有不同的处理方法。检测状态将暂停速率的调节,以观察网络的拥塞情况。若在随后的检测中,拥塞信号消失,表明网络恢复正常,检测状态 M 重新进入加速状态 A;若拥塞信号数 p 超过预设的界限 m_1 时,表明网络处于拥塞状态,状态将迁移到拥塞状态 C;否则保持状态不变,继续观察。

拥塞状态 C 表示目前网络存在拥塞,收方需要按积式减少的方式降低速率。根据收到的拥塞信号数将确定拥塞的严重程度,并依据拥塞的严重程度确定递减

因子 β。当条件 $x_t < \sum_{i=1}^{n} L_i$ 满足时,便需要进入弃层状态 D 完成真正的拥塞恢复措施——取消当前分层。

弃层状态 D 表示收方预订的分层过大,对网络目前的拥塞应承担责任,必须取消某些已预订的分层。由于取消分层过程存在一定的时延,同时为避免速率的剧烈振荡,收方在取消当前分层后,要设置一个不响应定时器 T_D,在不响应期间,状

```
loss ← loss_log();                                      //检测拥塞信号(包丢失)
switch   (state)
{ case 'A':
    if  ( x_t < sthresh ) then  x_t ← slow_start();     //慢启动过程
    else  x_t ← x_t + α;                                //拥塞避免,速率线性增加
    if (loss > 0) then enter_M;                         //有拥塞信号,进入M状态
    else {
        if  (x_t ≥ Σ_{i=1}^{n+1} L_i) and (n < n_max) then {
        join_next_layer;      //预订新分层
        n ← n+1;              //修改当前层号
        adjust_RTT();         //更新 RTT 伯
            }
        }
    break;
    case 'M':
        if (loss = 0) then enter_A;                     //拥塞信号消除,返回 A 状态
        elseif  (loss > m_1) then enter_C;              //确信网络发生拥塞,进入 C 状态
    break;
    case 'C':
            x_t ← (1−β)x_t;                             //速率倍数递减
        if (loss < m_1) then enter_M;                   //拥塞信号低于预设阈值,返回 M 状态
        elseif  (x_t < Σ_{i=1}^{n} L_i) and (n > 0) then enter_D;  //进入D状态完成拥塞恢复

break;
    case 'D':
            n ← n−1;                                    //修改当前层号
        leave_current_layer;                            //取消当前分层
        sthresh ← max(L_1, 0.5 × Σ_{i=1}^{n} L_i);      //调整慢启动阈值
        timer_T_D();                                    //启动不响应定时器 T_D
    break;
}
```

图 3-4　基本核心算法

态将保持不变,当前速率调节将被冻结。T_D 定时器超时后,重新进入 M 状态确定网络状况。若网络拥塞仍在继续,在经过拥塞状态 C 重新进入丢层状态 D 继续拥塞恢复过程。

图 3-4 为结合收方状态处理的基本核心算法。

3.3.7　性能评估

公平性衡量拥塞控制算法性能的重要参数;而带宽利用率能体现算法效率和平滑性;此外,由于多播涉及多个接收者,不同的接收者在加入时间、带宽、网络时延、察觉丢失等诸多方面存在差异,接收者收敛于稳定速率的快慢以及面对不同网络状况保持这种速率的稳定性也是考察算法性能的重要依据。因此,选择公平性、带宽利用率和稳定性作为算法性能评估的指标。

图 3-5 为仿真实验采用的不同网络拓扑,其中仿真网络环境 1 采用的图 3-5(a) 的网络模型,有 1 个 TCP 流和 1 个多播流共享一段瓶颈带宽 N_1N_2。TCP 的初始窗口为 30,分层多播流的数据组织采用各层相等体制,分层粒度(granularity)为 200 kb/s,包大小统一为 1 000 字节。仿真网络环境 2 采用 3-5(b) 的网络模型,网络中 4 个不同网络带宽的接收者 $R_1 \sim R_4$,它们分别有不同的瓶颈带宽,分别为 50 kb/s、100 kb/s、200 kb/s 和 1Mb/s,有不同的稳定接收速率,其他网络参数与仿真网络 1 相同。

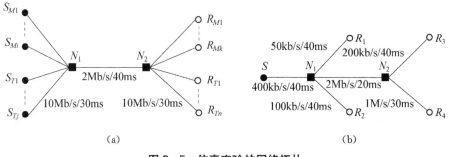

图 3-5　仿真实验的网络拓扑

1. 参数选择

在评估算法性能之前,首先需要确定影响算法性能的主要参数,这些参数包括拥塞信号、AIMD 控制参数和拥塞门限。

(1)拥塞信号。显式拥塞信号 ECN 需由网络负责提供,采用主动队列管理技术(如 RED)的路由器来能提供早期拥塞预告的 ECN 信号。图 3-5 给出了在相同条件下采用不同路由器的。

我们通过网络仿真软件 ns 来观察算法在不同路由器下的状况。在该仿真实验中,采用仿真网络环境,路由器分别采用 DropTail 和 RED 队列管理方式。通过计算 TCP 流和多播流在瓶颈链路的有效吞吐率(goodput)来考察它们的公平性。

图 3-6 给出了在相同条件下采用不同队列管理方式下路由器的性能对比。从图 3-6 中可看出无论是 DropTail 还是 RED 都能保持大致相当的、相对较高的带宽利用率,TCP 流和多播流在对带宽的竞争中均能获得相对稳定的带宽份额。对于 DropTail 路由器,前期(0~80 s)TCP 流带宽的竞争中处于领先;而后期多播流则处于领先,且所占份额的幅度更大,但未过度攫取资源,TCP 流仍获得相当的带宽资源。对于 RED 路由器,情况则有所不同,TCP 流在大部分时间内获得更多的带宽,但多播流也获得了公平的份额。DropTail 还是 RED 之间的差异主要是由于,RED 路由器提供了更多更频繁的拥塞早期信号,多播流响应这些信号,因此在带宽竞争中显得有些保守。而拥塞时 DropTail 会产生大量突发拥塞信号,TCP 对这些信号会更为激烈,因此在带宽竞争会逐渐落后于多播流。可以看出,尽管存在差异,但也显示出不同流能公平地共享资源。

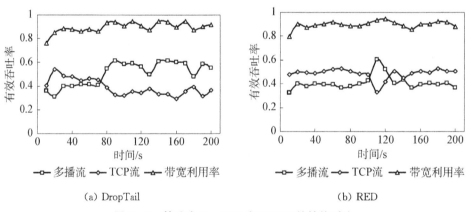

(a) DropTail   (b) RED

图 3-6 算法在 DropTail 和 RED 下的性能对比

(2) AIMD 算法中的控制参数(α, β)。根据公式 3.5 选择确定参数(α, β)可获得与 AIMD$(1, 1/2)$相当的吞吐量。为满足慢增慢减的原则,(α, β)的值应分别小于 1 和 1/2,为此我们选择了两组参数$(3/7, 1/4)$与$(1/5, 1/8)$进行比较。采用仿真网络环境 1 相同,图 3-7 显示了对应两组参数多播流与 TCP 流对带宽的竞争情况。对比两图可看出,两组参数均能为 TCP 流和多播流提供较好的公平性和较高的带宽利用率;不同的是$(\alpha, \beta) = (3/7, 1/4)$导致流的吞吐量出现较大幅度的摆动而$(\alpha, \beta) = (1/5, 1/8)$则更为平稳,这个结果和慢增慢减的设计初衷是相符的。为保证更好的平稳性,在以后的仿真试验中将(α, β)设为$(\alpha, \beta) = (1/5, 1/8)$。

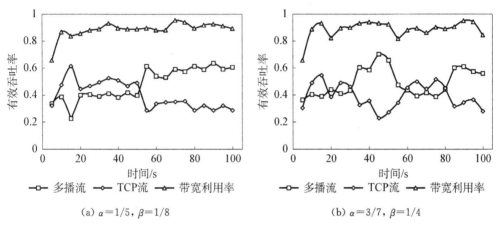

(a) $\alpha = 1/5, \beta = 1/8$　　　　　　(b) $\alpha = 3/7, \beta = 1/4$

图 3-7　算法在不同控制参数 α 和 β 下的性能对比

(3) 拥塞门限 m_1。拥塞门限的设置是为了避免随机丢失导致假拥塞,或由其他收方增加速率在瓶颈链路造成丢失而导致的不该自己负责的拥塞。它的值还与网络采用的队列管理方式有关。仿真网络环境 1 相同。图给出了拥塞门限 m_1 取不同值时对多播流与 TCP 流的影响。

图 3-8(a)显示为 $m_1 = 0$ 的情况,TCP 流在带宽竞争中领先于多播流。当 $m_1 = 0$ 表明,多播流在收到哪怕一个拥塞信号也将使用 AIMD 算法来降低速率,因此在带宽的竞争中落后于 TCP 流。

图 3-8(b)显示为 $m_1 = 1$ 的情况,TCP 流与多播流在带宽竞争中交替领先。由于 $m_1 = 1$ 时,多播流仅在收到的拥塞信号大于 1 时才降低速率,因此在带宽的竞争中将 $m_1 = 0$ 时更强。

图 3-8(c)显示为 $m_1 = 2$ 的情况,情况 $m_1 = 0$ 时相反,除在初期阶段外,TCP 流在带宽竞争中落后于多播流,且有多播流压倒 TCP 流的趋势,呈现某些不公平特性。显然,$m_1 = 1$ 算法的性能更为理想一些。基于这些观察,在我们的评估实验中,将 m_1 设为 1。

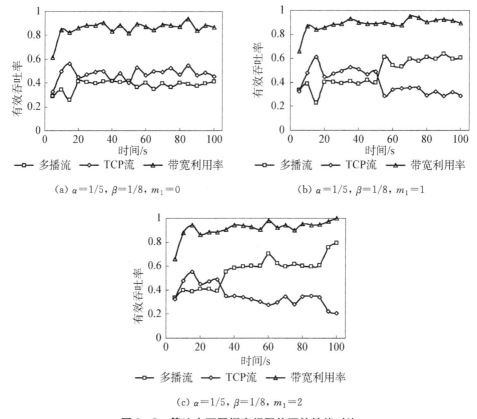

(a) $\alpha=1/5$, $\beta=1/8$, $m_1=0$

(b) $\alpha=1/5$, $\beta=1/8$, $m_1=1$

(c) $\alpha=1/5$, $\beta=1/8$, $m_1=2$

图3-8　算法在不同拥塞门限值下的性能对比

2. 公平性

我们通过网络仿真软件 ns 来评估算法性能。采用的图3-4(a)的网络模型，有 n_i 个 TCP 流和 n_j 个多播流共享一段瓶颈带宽 N_1N_2。TCP 的初始窗口为30，分层多播流的数据组织采用各层相等体制，分层粒度（granularity）为100 kb/s，包大小统一为1 000 字节，路由器采用 DropTail 队列管理方式。通过计算 TCP 流和多播流在瓶颈链路的有效吞吐率（goodput）来考察它们的公平性。多播流对 TCP 流的公平性。其中在对瓶颈带宽的竞争中，多播流展现了对 TCP 流理想的公平性。在图3-9(a)中，4 个 TCP 流与1 个多播流在[1，5] s 的时延内随机开始发送数据，其中多播流获得了大约20％的带宽，而4 个 TCP 流获得了大约70％的带宽。在链路利用率上，获得了近90％的利用率。图3-9(b)为4 个 TCP 流与4 个多播流的情形，其中多播流获得了大约50％的带宽，而 TCP 流获得了大约40％的带宽。带宽利用率则达到了95％左右。由于在算法中，收方在降低速率取消一个分层后,要经历一个不响应期,因此它能获得较 TCP 流多一些的带宽,这一方面是减小速率剧减带来的振荡,同时也可以改善带宽的利用率,实验结果也表明了这一点。

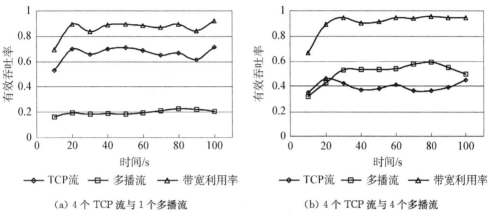

(a) 4 个 TCP 流与 1 个多播流　　　　　(b) 4 个 TCP 流与 4 个多播流

图 3-9　TCP 流与多播流的吞吐率及总的带宽利用率

仿真网络环境 2 的目的是比较多个多播流间的公平性,评估指标采用[4]提出的公平指数①。实验 2 依然采用仿真网络环境,实验分别选择不同数目的多播流,均采用基于 AIMD 的拥塞控制算法。表 3-1 显示了不同多播流的公平指数和对瓶颈带宽的利用率。从表 3-1 中可看出,公平指数均大于 0.98,极接近 1,表明算法能在不同流间提供极好的公平性。此外,算法还能提供较高的带宽利用率。同时,随着多播流数目的增加,带宽利用率也相应增加。

表 3-1　多个多播流间的公平指数及总的带宽利用率

性能 \ 多播流数	2	4	6	8	10
公平指数	0.999 9	0.997 8	0.994 9	0.984 3	0.990 9
带宽利用率	0.883 5	0.883 3	0.899 5	0.926 2	0.941 2

3. 稳定性

我们采用仿真网络环境 2 见图 3-5(b),来测试算法的稳定性。为测试在同一

---

① 公平指数定义为 $f_i = (\sum_{i=0}^{N-1} T_i)^2 / N \sum_{i=0}^{N-1} T_i^2$, f_i 的值在 $[1/N, 1]$ 之间, f_i 越大,各流间公平性越好

瓶颈链路后不同用户协调情况,将所有接收者均位于 R_4 的瓶颈链路 SN_1 后。4 个接收者在 0 到 5 s 的不同时间内随机加入。分层数据由 S 发送,分层数据的组织分为两种模式:相等模式和指数增加模式。相等模式中的分层粒度为 50 kb/s;指数模式的基层为 32 kb/s,然后以 64 kb/s,128 kb/s 等等依次递增。

图 3-10(a) 为相等模式下的实验,从图中可看出,R_1 到 R_4 四个接收者分别在 5 s、8 s、12 s、28 s 左右达到各自的最佳接收速率,显然瓶颈带宽越大,达到最佳速率的时间就越长,这和算法的慢速增长的原则是一致的。显然,速率的增加最终必然超过各自的带宽造成网络拥塞,拥塞的消除依赖速率的减少,因此必然存在速率的振荡。从图中可看出,R_1、R_2 和 R_3 的吞吐量均较为平稳,R_4 则有一定波动,但幅度也不超过一个分层的粒度。

图 3-10(b) 为指数增加模式下的实验,接收者的吞吐量出现较大起伏,接收速率的平滑性较差,这是由于指数增加的数据组织方法的特性所导致。一旦有高分层的增加,网络就出现拥塞。由于每当 R_4 在增加第 4 个分层时,会在瓶颈链路 SN_1 后处产生拥塞,影响其他接收者。从图中可看出,对 R_3 的影响最大,使 R_3 的吞吐量最低时降为其最佳值的一半;但 R_1、R_2 依旧保持较好的平稳性;而尽管存在较大波动,但基本保持在其最佳速率上,即速率在第 3 分层和第 4 分层间变动。

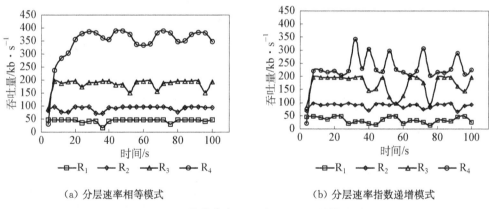

(a) 分层速率相等模式   (b) 分层速率指数递增模式

图 3-10   不同接收者在不同分层机制下的性能对比

3.3.8   小结

鉴于 AIMD 算法具有良好的 TCP 兼容性和稳定性,本书提出了一种新的基于 AIMD 算法的分层多播拥塞控制算法。为避免速率减半导致的接收质量问题,提出了采用慢增慢减的速率调节原则；为避免反馈处理带来的复杂性和可扩缩性问题，提出了无须反馈的估计收方到发方间往返时延的方法。仿真结果显示算法对 TCP 流、不同多播流均表现出理想的公平性，并有很高的带宽利用率和良好的稳定性。

3.4　单播流与多播流间带宽共享的实现算法

多播是一种实现多点传输的通信方式，和基于单播实现多点通信的方式相比，多播能有效节省网络资源。针对参与通信的用户数量较大的应用（如音频/视频广播），多播的优势将更为明显。然而，目前的 Internet 上采用的 IP 多播是基于 UDP 协议之上，没有相应的资源分配机制和拥塞控制机制，由于担心多播会攫取太多的资源，网络管理者对多播的大规模使用一直持犹豫和谨慎态度。为此，如何在单播流与多播流之间合理公平的共享资源成为值得研究的问题。

Internet 工程任务组（IETF）编制了开发 TCP 友好多播拥塞控制方案的指南[74]，该指南建议将一个多播流等同为一个单播流。

Legout 指出在资源共享时多播流等同于单播流会导致众多的多播用户缺乏必要的满意度，降低使用多播的激励作用。为此，Legout 提出新的基于用户数目的分配策略（logRD）来实现鼓励多播的使用。logRD 分配策略将不再把多播流与单播流一视同仁，而是根据多播用户数的多少对多播流在资源分配给予一定的侧重，同时为保证对单播流一定的公平性，采用对数函数对多播用户数在分配上的作用进行限制。这样，多播流与单播流可被看作是两类服务需求的流，要实现 logRD 分配策略就要面临这样一个问题：如何在仅提供尽力传送服务的 IP 网络中实现这种区分服务。

近年来，对拥塞资源进行有效分配问题的研究很活跃。其中，MacKie-Mason 和 Varian 主张引入价格机制进行资源分配，提出采用基于竞标的方式 smart market 机制。Kelly 则提出基于效用最优的资源共享模型，认为可按一定的公平准则如比例公平（proportional fairness）进行资源分配。比例公平可以通过拥塞价格与端用户的速率调节间的相互作用来实现，为在 IP 网络中实现资源分配的区分服务提供了可能。显式拥塞信号 ECN 是新提出用于在 Internet 向端系统或应用提供拥塞信息的一种方法，其目的是鼓励或强制用户进行合作，以便使网络尽可能处于非拥塞状态。在 Kelly 的模型中，ECN 标记可用作表示拥塞价格。

尽管 Legout 提出 logRD 分配策略,但没有提出相应的实现方法,原因在于实现该分配策略存在许多难题,为此,杨明等[88]提出一种基于 ECN 的实现对单播流与多播流间实行一定区分服务的资源共享算法。

3.4.1   单播流与多播流间资源共享策略

Legout 研究了单播流与多播流间资源共享的策略,他认为资源共享策略一方面要能满足用户的满意度,另一方面,要能保证不同流资源共享的公平性。为表示分配策略,先给出符号说明。

令 l 为网络中的一条链路,C_l 表示链路 l 的带宽容量,n_l 为流经链路 l 上流的数量,S_i,$i=1,2,\cdots,n_l$ 表示相应的流。若信源到收方 r 的路径经过链路 l,则称 r 位于链路 l 的下游,让 $R(S_i,l)$ 表示位于属于流 S_i 的且是链路 l 下游的所有收方数。

Legout 提出了三种有关链路 l 的带宽申请策略。

(1) 收方无关策略(RI):链路带宽分配与链路的下游收方数无关,链路带宽由经过该链路的流平均分配,即

$$B_{RI}(S_i,l)=\frac{1}{n_l}C_l$$

(2) 收方线性相关策略(linRD):流 S_i 在链路 l 上获得的带宽份额与 $R(S_i,l)$ 线性相关,即

$$B(S_i,l)=\frac{1+R(S_i,l)}{\sum_{j=1}^{n}[1+R(S_j,l)]}C_l$$

(3) 收方对数相关策略(logRD):流 S_i 在链路 l 上获得的带宽份额与 $R(S_i,l)$ 的对数相关,即

$$B(S_i,l)=\frac{1+\ln R(S_i,l)}{\sum_{j=1}^{n}[1+\ln R(S_j,l)]}C_l$$

Legout 比较了三种带宽分配策略,认为 RD 策略将多播流等同于单播流,当多播流的收方数目很大时,RD 策略很难获得用户满意度;而 linRD 策略则考虑将多播流中的每个接收者看作一个单播流,这可获得了最好的用户满意度,但当多播流的收方数目很大时,单播流只获得很少带宽资源,常常处于"饥饿"甚至是"饿死"的

状态,导致了不公平现象;相反,logRD 分配策略则在用户满意度和公平性两个方面取得了很好的折衷。对于单播流来说,由于 $R(S_i, l)$ 始终为 1,而对于多播流,$R(S_i, l)$ 则可能大于 1,因此多播流将获得较单播流更多的带宽资源。随着 $R(S_i, l)$ 的越大,获得的带宽将越大,但增大的幅度将随 $R(S_i, l)$ 的增加而递减。

3.4.2　算法描述

网络资源的分配通常由路由器中的包调度策略实现,因此实现单播流和多播流间资源分配的理想方式是由路由器通过包调度策略来完成。然而,当前的 Internet 中的大多数路由器还是采用先来先服务(FCFS)调度策略,在这种调度策略下,网络将无法为单播流和多播流提供公平的和区分的服务。在这种前提下,单播流和多播流间资源共享只能通过端系统对流的控制来实现。为此,我们的基本思路是通过对多播流进行拥塞控制来完成多播流与单播流间的资源共享,并且在资源共享过程中让多播流获得相对于单播流更多一些的带宽资源。

我们的算法将建立在以下两个假定之上。

(1) 网络中的包调度方式是先来先服务(FCFS)调度策略。

(2) 网络提供某种形式的显式拥塞信号。

1. 基本算法

由于目前 IP 网络中的单播应用大多使用 TCP 协议,因此我们将单播流当作 TCP 流进行处理。根据 logRD 分配策略,一个多播流获得的带宽份额应为一个 TCP 流的 $m=1+\ln R(S_i, l)$ 倍。由于目前的 IP 网络不提供有效的资源保证的服务,如何在 IP 网络中实现多播与单播间的不同资源要求便成为难题。然而,通过基于拥塞价格的拥塞控制模型我们知道,只要网络能反映拥塞价格的信息,由端系统去完成实现自身目标的速率调节,便可在现有 IP 网络中实现区分服务。事实上,拥塞价格不一定是现实生活中的钱,而可看作是虚拟钱的概念。在具体实现过程中,只要网络能给出反映资源使用情况的信息,而 ECN 信息正好可用于传递资源使用的反馈信息。为此我们提出一种基于 ECN 的实现单播和多播资源共享的实现方法:根据采用的公平性原则,为单播和多播选择合适的效用函数,根据获得的 ECN 反馈信息,由端用户完成速率调节,从而完成单播和多播间的资源共享。

端系统可采用 3.3.1 中的速率控制(3.1)来实现资源共享,令 $Y_j(t)$ 表示 t 时

刻经过链路 j 的通信量,即 $Y_j(t) = \sum\limits_{s:j \in s} x_s(t)$。$p_j(t)$ 为路由 r 中所经历的链路资源的拥塞价格总和。用户 r 速率变化匹配于它愿意支付的参数 $w_r(t)$ 与当时的拥塞价格的差,即

$$\frac{\mathrm{d}x_r(t)}{\mathrm{d}t} = k_r[w_r(t) - x_r(t)p_r(t)]$$

$$p_r(t) = \sum_{j:j \in r} p_j[Y_j(t)]$$

参数 $w_r(t)$ 与用户选择的效用函数有关,让 $w_r(t) = x_r(t)U'_r[x_r(t)]$,采用固定时间后调节速率的离散时间表示式为

$$x_r(t + \Delta t) = x_r(t) + k_r\{x_r(t)U'_r[x_r(t)] - x_r(t)p_r(t)\} \tag{3.6}$$

端系统可采用速率控制 3.6 来实现资源共享。在具体实现中,拥塞价格 $p_j(t)$ 可由 ECN 标记数来表示。每个分层多播用户定时收到的 ECN 数目,根据速率控制公式计算各自的速率,然后依据速率的增加或减少确定是增加新的分层,或是减少当前分层、还是保持当前分层。基本控制框架如图 3-11 所示。

$$x_r(t + \Delta t) \leftarrow x_r(t) + k_r(x_r(t)U'_r(x_r(t) - x_r(t)p_r(t)))$$

$$\text{if } (x_r(t) \geq \sum_{i=1}^{n+1} L_i) \text{ and } (n < n_{\max}) \text{ then}$$

$\quad n \leftarrow n + 1$;预订新分层

$$\text{else if } (x_r(t) < \sum_{i=1}^{n} L_i) \text{ and } (n > 0) \text{ then}$$

$\quad n \leftarrow n - 1$;取消当前分层

图 3-11   速率调节的控制框架

2. 效用函数的选择

共享资源分配不仅要考虑资源配置的效率,还必须使资源分配具有一定的公平性。根据 Kelly 提出的资源共享模型,选择不同的效用函数可实现不同的资源

分配和公平性。

效用最优公平定义：称一个可行的资源分配策略 $\vec{x}=\{x_r, r\in R\}$ 为效用最优公平，若 $\vec{x}$ 是 $H(x)=\sum_{r\in R} u_r(x_r)-\sum_{l\in L} g_l(f_l)$ 最大值的解。

选取不同的效用函数 u_r 可获得不同的公平性准则：

加权比例公平。加权比例公平是效用最优公平的一个特例，即 $u_r(x_r)=w_r \ln(x_r)$，$g_l(f)=\begin{cases} 0 & f<C_l \\ \infty & f\geqslant C_l \end{cases}$。选择合适的 $g_l(f)$ 使 $H(x)$ 最大值的解可任意小的近似最优化问题 $\mathrm{NETWORK}(A, C, w_r)$ 的解。

TCP 友好公平。$u_r(x_r)=K-\dfrac{2}{T_r^2 x_r}$，其中 K 为一常数，T_r 为往返时延，获得的效用最优平衡解为 $x_r=\dfrac{1}{T_r}\sqrt{\dfrac{2}{p_r}}$，即 TCP 友好公平。

(1) mWTP 策略。WTP 策略实现加权比例公平准则，其效用函数为 $U_r(x_r)=w_r\ln(x_r)$。为实现 logRD 分配策略，将权 $w_r=1$ 作为一个 TCP 流的应获得的带宽份额，一个多播流获得的带宽份额应为一个 TCP 流的 $m=1+\ln R(S_i, l)$ 倍，因此，将多播流拥有的带宽倍数 $m=1+\ln R(S_i, l)$ 作为多播流的权，即 $w_r(t)=m$。多播流的效用函数为 $U_r(x_r)=1+\ln R(S_i, l)\ln x_r(t)$，对应的速率调节过程为

$$x_r(t+\Delta t)\leftarrow x_r(t)+k_r\Big[m-x_r(t)\sum_{j\in r} p_j Y_j(t)\Big]$$

(2) MulTCP 策略。Crowcroft 提出一种实现加权比例公平的端到端区分服务方法——MulTCP[159]。MulTCP 类似多个虚拟 TCP 的组合。为此，可将多播流看作一个组合有 $m=1+\ln R(S_i, l)$ 个虚拟 TCP 的 MulTCP 流。而 Kelly[82] 提出可将 MulTCP 的效用函数选为 $U_r[x_r(t)]=\dfrac{\sqrt{2}m}{T_r}\arctan\Big[\dfrac{T_r}{\sqrt{2}m}x_r(t)\Big]$，其中 T_r 为往返时延，则 $w_r(t)=x_r(t)U_r'[x_r(t)]=\dfrac{2m^2 x_r(t)}{2m^2+T_r^2[x_r(t)]^2}$，系统平衡时的速率为 $x_r=\dfrac{m}{T_r}\sqrt{\dfrac{2}{p_r}}$，这和[160]中的结果是相近似的。

$$x_r(t+\Delta t)\leftarrow x_r(t)+k_r\Big[\dfrac{2m^2 x_r(t)}{2m^2+T_r^2 x_r^2(t)}-x_r(t)\sum_{j\in r} p_j Y_j(t)\Big]$$

3. 收敛速度与稳定性

为保证控制方程 3.7 的收敛,参数 k_r 必须为一小的正数,即 $0<k_r<\varepsilon$。参数 k_r 为控制速率收敛快慢与稳定的常数,而收敛速度与稳定性存在一定的矛盾,k_r 选择相对较大值时,系统会有较快的收敛速度,但速率会呈现摆动幅度较大的波动;相反,k_r 选择相对较小值时,速率变化有较好的平滑性,但系统收敛速度会缓慢一些。参数 k_r 的选择还是目前研究的课题。我们知道,TCP 中的拥塞控制包括慢启动、拥塞避免和拥塞恢复三个阶段。慢启动阶段速率呈几何级数方式增长;而拥塞避免阶段则呈线性增长;在拥塞恢复阶段速率呈倍数递减。在本算法中,根据参数 k_r 的特性,让 k_r 选择不同的值来实现类似 TCP 拥塞控制中的三个阶段。选择策略为

$$参数\ k_r(t)=\begin{cases}k_s & 慢启动状态 \\ k_a & 拥塞避免状态 \quad 其中\ 0<k_a<k_c<k_s<\varepsilon \\ k_c & 拥塞恢复状态\end{cases}$$

拥塞状态与非拥塞状态是通过端系统的包标记率来确定的,非拥塞状态中的慢启动状态与拥塞避免状态则通过类似 TCP 算法中的慢启动阈值来确定。

4. ECN 标记策略

显式拥塞告示(explicit congestion notification,ECN)是近来提出的用于向信源提供可能导致拥塞发生的早期指示信号。和传统的丢失、超时等隐式拥塞信号不同,ECN 信号是由路由器设置位于数据分组包头中的 CE 位实现的。收方将在确认 ACK 中复制 CE 位信息来完成 ECN 信号的反馈。CE 位的设置通常又成为 ECN 标记(marking)。ECN 标记由网络提供,ECN 标记方法通常与路由器采用的主动队列算法有关。

拥塞价格可通过显式拥塞控制信号 ECN 来表示,因此需要考虑 ECN 的标记方法。目前,ECN 标记方法主要采用基于主动队列管理策略的。主动队列管理策略如随机早期检测 RED 通过 ECN 标记实现对拥塞的早期预告,ECN 标记由设置包中的单比特 ECN 位来实现。

随机早期检测(random early detection,RED)是 Floyd 和 Jacoboson[78] 提出的一种有代表性的主动队列管理方法。其基本机制为路由器通过计算平均队列长度来检测可能发生的拥塞,如果超过预设的队列长度阈值,到达的数据分组将按一

定的概率被标记(或丢弃),标记概率是平均队列长度的函数。

为了增加标记分组的比例,Gibbens[73]提出的虚拟队列(virtual queue,VQ)是另一种 ECN 标记策略,虚拟队列管理假定到达真实队列的分组也将进入一个 VQ 中,VQ 的服务速率和队列缓冲长度均为原真实队列服务速率和队列缓冲长度的 α 倍,其中 $\alpha<1$。VQ 的标记规则是当虚拟队列长度超过某个预设队列长度阈值,就标记进入真实队列中的每个分组,直到虚拟队列的长度变为零。和 RED 不同,虚拟队列只能标记功能,因此可以通过简单的计数器来实现。

5. 拥塞判断与恢复

隐式拥塞信号通常将包丢失或包丢失率作为拥塞信号,而 ECN 则是通过包标记的方法来传递拥塞信息的,ECN 作为一种拥塞的早期信号,由于包标记是在路由器中排队列长度大于预订的阈值时进行的,此时可能还未发生真正的包丢失,包标记的数量将远多于包丢失的数量,因此将一个标记包等同于一个包丢失可能会导致较低的带宽利用率。而将包标记率作为判断拥塞的依据可以避免上述问题。在选择包标记率的拥塞阈值时,应考虑到 ECN 的特点,包标记率的拥塞阈值 p_c 应选择得大一些。在我们的算法中 $p_c=0.8$。在每个往返时延内测定各自的包标记率 p_m,若 $p_m>p_c$,则进入拥塞状态。

由于在一个往返时延测定的包标记率变化很快,而拥塞的恢复需要一定的时间,因此我们采用一个加权的平均包标记率 $\bar{p}_m$ 来确定拥塞结束的时机。其中,

$$\bar{p}_m=(1-\alpha)\bar{p}_m+\alpha p_m。$$

当 $\bar{p}_m<p_e$,则解除拥塞状态。p_e 通常较小些,在我们实验中取 $p_e=0.4$。

当处于拥塞状态时,必须采取相应措施进行拥塞恢复。我们采取的恢复措施包括:

(1) 暂停速率的增加,允许速率降低。

(2) 降低 $w_r(t)$,$w_r(t)\leftarrow\beta w_r(t)$ 其中 $0<\beta<1$。

(3) 若 $p_m=0$,令 $ECNs\leftarrow npkt\times\bar{p}_m$。

6. 成员数估计

要实现上述的资源共享算法,还必须确定位于链路 l 下游链路上的所有接收用户数 $R(S_i,l)$,然而,目前的 IP 多播机制中提供的是一种类似匿名的服务,即发方并不知道收方的情况,多播路由器也不保存其下游成员的信息,为此只能采用一定的方法来估计多播成员的数目。目前主要有两种多播成员数估计方法:基于探

查的方法和基于定时器的方法。由于基于探查的方法可能需要多的轮次,而基于定时器的估计可在一个轮次内完成,因此我们将采用基于定时器的方法。

基本方法为即收方在获悉估计信号后,开启延迟定时器,在定时器未超时前,如果收到来自其他收方的响应信号,则放弃发送该响应信号,并取消延迟定时器,否则在定时器超时后立即多播响应信号。定时器可采用 Nonnenmacher 等[89] 提出的定时器设置方案。每个接收者使用一个在区间[0,T]上的截尾指数分布定时器,其概率密度函数为

$$f_{\text{timer}}(z) = \begin{cases} \dfrac{1}{e^{\lambda}-1} \times \dfrac{\lambda}{T} e^{\frac{\lambda}{T}z}, & 0 \leqslant z \leqslant T \\ 0, & \text{其他} \end{cases}$$

在给定 λ 的情况下,调节 T 可控制反馈数目和反馈响应时间。T 越小响应时间越快,但随着收方数量的增多反馈数量也会变多。收到的反馈的数学期望 $E(X)$ 与成员数 R 满足下列关系:

$$E(X) = R \frac{e^{\lambda c/T}-1}{e^{\lambda}-1} - e^{\lambda c/T} \left[\left(\frac{1-e^{-\lambda c/T}}{1-e^{-\lambda}} \right)^R - 1 \right], \quad 0 < c < T$$

其中,c 为成员间的传输时延,在选定 λ 和 T(通常为 c 的倍数)后,根据收到反馈的数量可估计出成员数。

若多播拥塞控制采用基于收方主动的控制方法,确定确定位于链路 l 下游链路上的所有接收用户数 $R(S_i, l)$ 的工作将由每个收方采用上述的估计方法完成,若在整个多播树范围进行估计,不仅会使估计数偏大,而且导致网络产生大量的反馈,因此必须限制估计的范围。多播的传输范围可采用设置多播包中的生存时间 TTL 字段进行限制。

3.4.3 仿真结果与分析

1. 参数选择

我们通过网络仿真软件 ns 来进行仿真实验。在仿真实验中,采用的图 3-12 所示的网络模型,有 4 个 TCP 流和 1 个分层多播流共享一段瓶颈带宽。TCP 采用能快速重传的 TCP Reno,TCP 的初始窗口为 30。分层多播流的数据组织采用各层相等体制,分层粒度(granularity)为 100 kb/s。包大小统一为 1 000 字节。路由

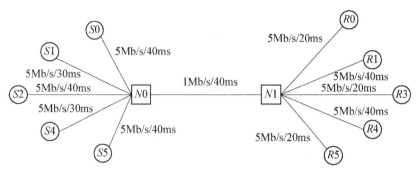

图 3-12　仿真实验的网络拓扑

器采用虚拟队列 VQ 队列管理方式,队列长度为 15,标记阈值为 13。

2. 资源共享

我们比较了在 mWTP 策略与 MulTCP 策略下 1 个 TCP 流与 1 个分层多播流对瓶颈带宽的共享情况。图 3-13 显示了当参数 m 取不同值时,在 mWTP 策略下多播流与 TCP 流各自的吞吐率。

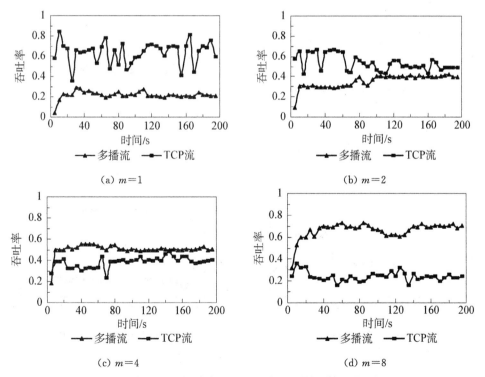

图 3-13　mWTP 策略下一个 TCP 流与一个多播流对瓶颈带宽的占用情况

当 $m=1$ 时,TCP 流获取了较多的带宽资源,而多播流仅获得近 20% 的瓶颈带宽;TCP 流显示出较大的波动性,而多播流的速率变化则较为平滑。当 $m=2$ 时,TCP 流仍获得近 50% 的带宽资源,而多播流则获得更多的超过 30% 的带宽资源。TCP 流仍显示出一定的波动性,但波动幅度有所减小;而多播流依旧保持良好的平稳性。当 $m=4$ 时,多播流获得带宽份额已经超过 TCP 流,多播流获得近 50% 的带宽资源,而 TCP 获得近 40% 的带宽资源。当 $m=8$ 时,在对瓶颈带宽资源的竞争中,多播流获得了绝对的优势,获得 70% 还多的资源,但 TCP 流也获得了 20% 的带宽资源。此时,多播流和 TCP 流均显示出良好的平稳性。另外,综合 4 个图可看出多播流几乎在 $t=20\,\mathrm{s}$ 时便接近其收敛速率。

图 3-14 显示了当参数 m 取不同值时,在 MulTCP 策略下多播流与 TCP 流各自的吞吐率。当 $m=1$ 时,TCP 流获取了较多的带宽资源,而多播流仅获得近 20% 的瓶颈带宽;TCP 流显示出较大的波动性,而多播流的速率变化则较为平滑。当 $m=2$ 时,TCP 流仍获得近 50% 的带宽资源,而多播流则获得更多的接近 40% 的带宽资源。TCP 流仍显示出一定的波动性,但波动幅度有所减小;而多播流依

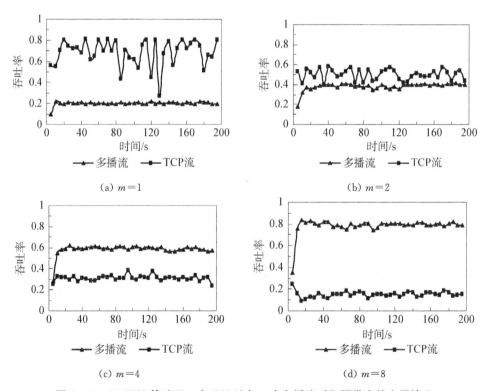

图 3-14 MulTCP 策略下一个 TCP 流与一个多播流对瓶颈带宽的占用情况

旧保持良好的平稳性。当 $m=4$ 时,多播流获得带宽份额已经超过 TCP 流,多播流获得近 60% 的带宽资源,而 TCP 获得近 35% 的带宽资源。当 $m=8$ 时,在对瓶颈带宽资源的竞争中,多播流获得了绝对的优势,获得 80% 还多的资源,但 TCP 流也获得了近 12% 的带宽资源。此时,多播流和 TCP 流均显示出良好的平稳性。另外,综合 4 个图可看出多播流几乎在 $t=20$ s 时便接近其收敛速率。

通过该实验,我们看到 1 个单播流和 1 个多播流能够在 mWTP 策略与 MulTCP 策略下进行带宽共享,并且通过调节参数 m,可控制多播流获得的带宽共享份额。随着参数 m 的增大,多播流将获得更多的带宽份额,达到了实现单播流与多播流间资源共享时对多播流有所偏重的区分服务的目的。同时,在一定范围内 TCP 流在带宽竞争中仍能获得相应的带宽份额,而避免了"饿死"情况的发生,实现了在区分服务的过程中保证不同流的公平性。此外,实验显示出算法使多播流也具有类似 TCP 的慢启动过程,能有效地提高速率的收敛。多播流不仅具有良好的稳定性,还能平滑 TCP 流波动程度。从图 3 - 13 和图 3 - 14 中可看出 mWTP 策略与 MulTCP 策略有相似的结果,但仍有细微差别。mWTP 比 MulTCP 有更大的波动性,这种波动性导致。MulTCP 策略比 mWTP 策略有更好的带宽利用率。此外,在 mWTP 策略中,多播流随 m 增大所占瓶颈带宽的份额增长幅度较 MulTCP 策略要小一些。

3. 带宽的动态协商

在实际应用中,TCP 流和多播流可能不会同时开始,因此有必要了解 TCP 流和多播流在不同步状态下对带宽资源的共享。

图 3 - 15 显示了 1 个 TCP 流和 1 个多播流在不同步时对瓶颈带宽的竞争情况。在该实验中,多播流选用的参数为 $m=4$,TCP 流在 $t=0$ s 时开始会话,此时网络中仅有这个 TCP 流,它获得了全部带宽资源。在 $t=30$ s 时,多播流启动,开始加入对带宽资源的竞争中,在竞争中,TCP 流让出了部分带宽,因此 TCP 的吞吐率下降,而多播的吞吐率上升;二者在近 $t=45$ s 时,接近一种平衡。当 $t=80$ s 时,TCP 流终止会话,多播流获得全部带宽,因此,其吞吐率开始增加,逐渐接近 1.0。当 $t=120$ s 时,TCP 流又重新启动会话,带宽资源的竞争又重新开始,在竞争中多播流将让出部分带宽份额给 TCP 流,在 $t=160$ s 左右,这种资源的重新分配接近一种平衡。

图 3 - 16 显示了在 MucP 策略下 1 个 TCP 流和 1 个多播流在不同步时对瓶颈

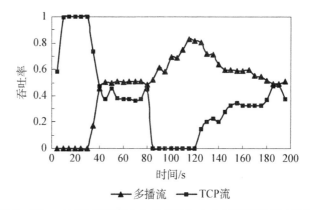

图 3-15　mWTP 策略下 1 个多播流与 1 个 TCP 流的带宽协商

带竞争情况,在该实验中,多播流选用的参数为 $m=4$,TCP 流在=0 s 时开始会话网络中仅有这个 TCP 流,它获得了全部带宽资源,在 $t=30$ s 时,多播流启动,开始加入对带宽资源的竞争中,在竞争中,TCP 流让出了部分带宽,因此 TCP 的吞吐率下降面多播的吞吐率上升;二者在近 45 s 时,接近一种平衡,在 40~80 s,多播流和 TCP 流保持对带宽共享的平稳状态,当 $t=80$ s 时,TCP 流暂停会话,多播流获得全部带宽,因此,其吞吐率开始增加,逐渐接近 10。当 $t=120$ s 时,TCP 流又重新启动会话带宽资源的竞争又重新开始,在竞争中多播流将让出部分带宽份额给TCP 流,在 $t=160$ s 左右,这种资源的重新分配接近一种平衡。

通过该实验可看出,无论是 TCP 流还是多播流先占用所有带宽资源,后来者均能通过带宽的协商获得相应的带宽份额,避免了先入为主的不公平现象。此外,对比图 3-15 和图 3-16 可看出 MulTCP 策略比 mWTP 策略更具竞争性,MulTCP 策略在对剩余带宽的占用上更为迅速。

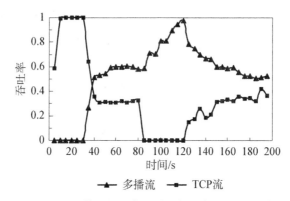

图 3-16　MulTCP 策略下 1 个多播流与 1 个 TCP 流的带宽协商

4. 多个流的带宽共享

图 3-17 比较了 1 个多播流与 4 个 TCP 流对带宽资源的共享情况。其中多播流选用的参数为 $m = 4$。在初期阶段（0～40 s），多播会话获得了近 36% 的带宽资源，而每个 TCP 会话也获得 13% 左右的带宽。在 $t = 40～50$ s，经过所有会话对资源的竞争，资源获得重新分配，多播会话让出了部分资源；而 TCP 会话也获得了相对更多的资源。随后，系统对资源共享进入了相对的平稳期，多播流较为平稳，而 TCP 会话则出现轻微的波动。

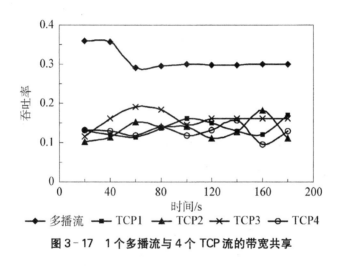

图 3-17 1 个多播流与 4 个 TCP 流的带宽共享

3.4.4 小结

在资源共享上将多播流等同于单播流会导致众多的多播用户缺乏必要的满意度，降低其使用多播的积极性。本书提出一种基于 ECN 的实现单播流与多播流带宽共享的算法。算法利用 Kelly 提出的基于拥塞价格的速率控制模型，在带宽资源分配时，将一个多播流获得的带宽份额等同于一个 MulTCP，其中 MulTCP 的参数 m 等于估计出多播用户数的对数。端用户根据网络提供的显式拥塞信号 ECN 数对速率进行调节，从而完成与单播流的资源共享。仿真结果显示该算法能有效实现既鼓励多播的使用又保证 TCP 流获得相对公平的资源。

3.5   解决多播离开时延问题的分层迁移方法

随着多播(multicast)技术的发展以及多播主干(MBone)的普及,在 Internet 上出现了许多基于 IP 多播的音频/视频会话工具和多播流应用,然而这类应用却面临 Internet 的异构性和缺乏拥塞控制等问题。缺乏拥塞控制措施的多播应用无疑会影响行为规范的 TCP 流,还有导致网络瘫痪的可能。基于收方驱动的分层多播协议(RLM)最先提出分层多播拥塞控制方法,分层多播通过多个多播组实现了多速率多播传输,既满足了不同用户间的异构性和不同需求,又避免了冗余数据传输带来的带宽浪费。同时,收方能通过多播组的 join/leave 机制进行拥塞速率控制。这些优点使得分层多播成为多播拥塞控制中的一种有效方法。

分层多播拥塞控制中对拥塞的响应是通过组成员发出 leave 请求进行的,因此拥塞响应的速度取决于互联网组管理协议 IGMP 中 leave 的实现机制。遗憾的是,在现有的 IGMP 协议中,由于不保存组成员信息,多播路由器在停止转发多播数据之前必须通过多次轮询来确认是否还有其他的有效成员存在,而在轮询时间内路由器并不停止转发多播数据,因此这种较长的轮询时延会导致拥塞响应慢,造成对拥塞响应迅速的 TCP 流的不公平性。

尽管 RLC[63] 采用同步点技术和使用较大时间参数的方法可部分缓解这一问题,但过大的时间参数会减慢拥塞反应速度,而减小时间参数值会增加不同步的机会,同样导致较大的 leave 时延。尽管 Rizzo[90] 提出了在 IGMP 协议中实现快组管理方案,但需要对现行的 IGMP 协议作部分修改。Byers 等[77] 提出动态分层的概念来解决 leave 时延过大的问题,但所有组成员必须不停地定时加入动态分层来保持接收速率。本书提出分层迁移的方法既不需要对现有的 IGMP 作任何修改,又避免需不停地加入地动态组带来的系统开销和复杂性。

3.5.1   多播组中的 leave latency 问题

分层多播拥塞控制中的速率控制是通过多播组的 join/leave 机制完成的。IP 多播的实现机制分为本地机制和全局机制两部分,全局机制将由多播路由器构建一棵连接从源到多播组所有成员的路由树,多播数据由源出发沿多播路由树传送到所有位于路由树叶子位置的多播路由树。本地机制将让多播路由器确定与之连接的网络接口上是否还存在多播组成员,并因此确定是否将数据转发到该网络接口。多播路由树的建立维护由多播路由协议实现,而局域网内的主机与多播路由器的组成员信息是通过互联网组管理协议 IGMP 进行来交换的。

在 join 阶段,希望加入多播组的接收者向多播路由器发送 IGMP 报文,路由器则依次向位于源方向的上游(upstream)的多播路由器发送接枝(graft)报文,接枝报文经过的反方向路径将成为连接新组成员的路由树新分支,新分支建立后,该组成员便能接收多播数据。整个 join 过程是很快的,join 时延大约为一个 RTT(该接收者到源的往返时延)。

在 IGMP V1 中,主机离开多播组的过程很简单,只要停止向路由器发送 IGMP 报告(report)即可,路由器在多次轮询后未收到任何 IGMP 报告,就停止转发并向上游路由器发送剪枝(prune)即可,由于离开的主机不能立即触发轮询过程,整个 leave 时延将会很大。为适应拥塞控制的需要,在 IGMP V2 中,增加了 leave 报文来加速离开过程。当一个主机离开多播组时,向最后一跳的多播路由器发送 leave 报文,leave 报文将立即触发轮询定时器,同时还增加了缩短轮询间隔时间来加速组状态检测的措施。

leave 时延是指组成员从发出 leave 请求到路由器确定停止转发多播数据的时延。在第 1 版的 IGMP 协议中,主机离开多播组的过程很简单,只要停止向路由器发送 IGMP 报告(report)即可,路由器在多次轮询后未收到任何 IGMP 报告,就停止转发并向上游路由器发送剪枝(prune)请求,从而完成多播数据的转发终止过程。由于离开的主机不能立即触发轮询过程,等待多次轮询超时使得 leave 时延很大。

为适应拥塞控制的需要,在第 2 版的 IGMP 协议中,增加了 leave 报文来加速离开过程。当一个主机离开多播组时,向最后一跳的多播路由器发送 leave 报文,leave 报文将立即触发轮询定时器,同时还增加了缩短轮询间隔时间来加速组状态的检测的措施。然而,尽管在第 2 版的 IGMP 协议中采用了发送 leave 报文的措施来加速离开,但由于该路由器不保存组成员信息,在停止转发之前必须通过轮询确认是否还有其他的有效成员存在;此外,为保证可靠性,路由器还要进行多次轮询。因此,总的轮询时间为 $T * R$,其中 T 为轮询超时时间(缺省值为 1 s),R 为鲁棒因子(典型值 $R \geqslant 2$)。由于路由器只有在这几秒的轮询时延(leave 时延)后才可能停止多播数据的转发,这将使得拥塞的状况持续较长时间,甚至加剧网络拥塞。

3.5.2　分层迁移方法

分层多播拥塞控制中的速率控制是通过多播组的 join/leave 机制完成的。在 join 阶段,希望加入多播组的接收者向多播路由器发送 IGMP 请求报文,路由器则依次向位于源方向上游(upstream)的多播路由器发送接枝(graft)报文,接枝报文经过的反向路径将成为连接新组成员路由树的新分支,新分支建立后,该组成员便能接收多播数据。整个 join 过程是很快的,join 时延大约为一个 RTT(该接收者到源的往返时延)。

分层迁移[91]的基本思想是利用 IGMP join 时延小(大约为一个 RTT 时间)的特点,用快速的 join 过程取代慢速的 leave 过程。取代的方法是发方将某个分层的数据由一个多播组迁移到另一个组播出,收方则根据情况进行重新预订。分层迁移后,迁移分层在原频道内的传输将关闭,因此拥塞将得到立即响应。对于其他已预订了迁移分层的而未遇拥塞的用户,将通过快速的 join 过程重新预订迁移分层。

1. 分层迁移中的信息交换

在分层迁移方法中,发方和收方需要进行信息交换,迁移前,收方需向发方发送分层迁移请求;迁移后,发方需通知所有收方分层迁移情况。由于发方需要让所有用户了解分层迁移,因此理想信息交换方式是多播传输。由于收方也需要向发方传输请求,因此可采用一个双向共享多播树作为信息交换的通道,通过该双向共享多播树,无论发方还是收方均可自由地发送和接收信息。

信息交换的过程中,主要采用以下两种报文。

(1) 迁移请求报文:由收方发出的迁移请求报文,报文说明请求迁移的分层号和该分层对应的多播组地址。

(2) 迁移通知报文:由发方发出的迁移通知报文,报文说明迁移的分层号和该分层迁移后的多播组地址。

另外,在信息交换过程中还必须考虑反馈抑制技术。当某一链路处出现拥塞时,共享这一链路的所有收方都有可能获得拥塞信号,可能在几乎相同的时间内向发方发出分层迁移请求信息,这可能导致发方出现反馈风暴(feedback implosion),因此有必须采用适当的抑制技术。抑制方法可采用基于定时器的反馈抑制算法,即收方在获悉拥塞信号后,开启延迟定时器,在定时器未超时前,如果收到来自其他收方的迁移请求报文中的分层号等于其报文中的分层号,则放弃发送该请求迁移报文,并取消延迟定时器,否则在定时器超时后立即多播迁移请求。为实现有效抑制,可采用 Nonnenmacher[89] 提出的定时器设置方案。每个接收者使用一个在区间[0,T]上的截尾指数分布定时器,其概率密度函数为

$$f_{\text{timer}}(z)=\begin{cases}\dfrac{1}{e^{\lambda}-1}\times\dfrac{\lambda}{T}e^{\frac{\lambda}{T}z}, & 0\leqslant z\leqslant T\\[2mm] 0, & \text{其他}\end{cases}$$

在给定 λ 的情况下,调节 T 可控制反馈数目和反馈响应时间。T 越小响应时间越快,但随着收方数量的增多反馈数量也会变多。

2. 分层迁移中信息交换的可靠性

分层迁移中的信息交换是采用不保证可靠性的多播传输,因此在传输中可能存在丢失,这种丢失会对分层迁移的正常运转产生很大影响,因此必须加以考虑相关报文丢失的处理方法。

(1) move_req 报文丢失。move_req 报文丢失可能导致发方或部分收方收不到 move_req 报文,发方收不到 move_req 报文,将不会进行分层迁移。为解决这一问题,需要在收方设置重发定时器来控制是否重发 move_req 报文。在定时器超时前收到 move_rep,或者未收到 move_rep 但觉察到分层迁移已发生则取消定时器;否则,定时器超时时,重发 move_req 报文。为防止出现极端的 move_req 始终无法到达发方的情形,在发送第一个 move_req 报文时,也向多播路由器发送 IGMP leave 报文,这样将确保拥塞消除。

为减少收方的负担,可将设置在收方的反馈抑制定时器同时作为重传定时器。基本过程为: ①收方在获悉拥塞信号后,开启定时器;②在定时器未超时前,如果收到其他的 move_req 报文,且报文中的分层号等于要申请迁移的分层号,并重新开启定时器;否则定时器超时后立即多播迁移请求 move_req 报文,并重新开启定时器;③在定时器未超时前,如果 move_rep 报文,且报文中的分层号等于要申请迁移的分层号,或未收到 move_rep 但觉察到申请迁移的分层已经迁移,均取消定时器;否则定时器超时后立即多播迁移请求 move_req 报文,并重新开启定时器。

(2) move_rep 报文丢失。move_rep 报文丢失将会导致收方不知道迁移分层所在的频道,收方将无法进行迁移分层的预订,这将严重影响数据的正常接收,还会造成传输频道与空闲频道的混乱,导致数据接收的失败。因此,move_rep 报文的传输必须确保让所有的用户均收到,这是一个可靠多播问题,并且这种可靠性必

须在小于 IGMP leave 的时延内达到,否则分层迁移就没有意义。显然,要实现这种快速的 100％的可靠多播是很困难的。我们知道,如果这种可靠性无法保证,后果是用户不知道迁移分层所在频道,但如果预先将每个分层的迁移频道固定下来,这样即使收不到 move_rep 报文也能知道分层的迁移频道,也就能重新加以预订,为此,可采用如下方案。

假定分层总数为 n,申请 $2n+1$ 个多播组地址 G_i($i=0$, 1, $\cdots$, n, $\cdots$, $2n$),令 G_i, $i \in [1 \cdots n]$ 与 G_{n+i}, $i \in [1 \cdots n]$ 互为分层 i 的对偶迁移频道,即当第 i 层数据在 G_i 中传输,迁移后数据改在 G_{n+i} 中传输;或者当第 i 层数据在 G_{n+i} 中传输,迁移后在 G_i 中传输。这样,当分层迁移后,若用户没有收到 move_rep 报文,但由于分层迁移后原频道已停止发送数据,用户根据该分层 100％的丢失率可确信该分层已进行迁移,这样他可发出 IGMP leave 报文离开该频道,同时发出 IGMP join 报文预订其刚离开频道的对偶迁移频道。

3. 迁移的基本过程

为方便说明整个迁移过程,假定发方 S 将待传的数据流分为 n 个分层 L_i($i=1$, 2, $\cdots$, n),其中 L_1 为基层,其余各层为增强层。同时,申请 $2n+1$ 个多播组地址 G_i($i=0$, 1, $\cdots$, $2n$),其中 G_0 为迁移信息交换频道;G_i($i=1$, 2, $\cdots$, n)为初始分层播发送频道,发送数据流时,在一个组地址多播传输一个数据分层 $L_i \rightarrow G_i$($i=1$, 2, $\cdots$, n);G_i($i=n+1$, $\cdots$, $2n$)为相应的对偶空闲频道。

分层迁移过程是一个发方和收方在信息交换的基础上共同完成的,基本的迁移过程如下。

(1) 收方在获悉拥塞信号后,通过信息交换频道 G_0 以多播的形式发送回包含其当前最高层号 i 和对应组地址 G_i 的迁移请求,即 move_req 报文。

(2) 发方在获悉迁移请求后,在 G_0 频道内播送迁移通知,即 move_rep 报文,通知用户第 i 层数据 L_i 即将迁移到对偶频道 G_{n+i} 中传输。

(3) 发方停止在 G_i 中传送第 i 层数据 L_i,同时开始在 G_{n+i} 中传输第 i 层数据 L_i。

(4) 收方在收到迁移通知 move_rep 后,根据以下情况确定是否预订迁移分层:当前最大层号<迁移层号,不预订 G_{n+i} 中的第 i 层数据;当前最大层号=迁移层号,由分为两种情况:有拥塞信号,则立即取消 G_i 的预订且不预订 G_{n+i} 中的第 i 层数据,无拥塞信号,则立即取消 G_i 的预订同时预订 G_{n+i} 中的第 i 层数据;当前

最大层号＞迁移层号：立即取消 G_i 的预订同时预订 G_{n+i} 中的第 i 层数据。

（5）收方未收到迁移通知 move_rep，但觉察分层数据已发生迁移时，立即取消 G_i 的预订并预订 G_{n+i} 中的第 i 层数据。

图 3‑18 给出了一个分层迁移的例子，分层 L_i 在组地址 G_i 内传输，R_1、R_2 和 R_3 均预订了该分层。当 R_1 获悉拥塞信息后，在 G_0 以多播形式发回 move_req 报文。同时发出离开 G_i 的 leave 请求。当发方 Sender 收到 R_1 的 move_req 报文后，同样以多播形式发回分层迁移通知 move_rep 报文。然后，发方停止在 G_i 中传送第 i 层数据 L_i，同时开始在 G_{n+i} 中传输第 i 层数据 L_i。R_2 在收到 move_req 报文后，执行 leave_and_join 操作，即发出离开 G_i 的 leave 请求和加入 G_{n+i} 的请求。R_3 则未收到相应的 move_req 报文，但 R_3 觉察到 G_i 内数据的突然中止后，将认为发生了分层迁移，因此执行 leave_and_join 操作。

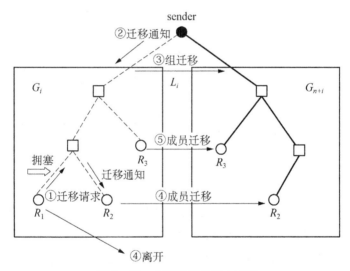

图 3‑18　分层迁移的基本过程

3.5.3　分层迁移在分层多播拥塞控制中的实现

在分层多播拥塞控制中使用分层迁移方法，发方将在获悉分层迁移后立即进行停止当前频道的分层传输并迁移该分层，拥塞将很快消除。特别是在网络极度拥塞的极端情况下，发方可以同时进行多个分层迁移，可很快解除网络拥塞，避免网络拥塞情况的恶化。在分层多播拥塞控制中使用分层迁移需要考虑拥塞信号和稳定性问题。

1. 拥塞信号

拥塞信号在分层迁移方法中起着重要作用,拥塞信号将触发分层迁移请求,而在目前端到端的拥塞控制方案中,路由器并不提供任何拥塞信号,拥塞信号只有通过收方根据接收包的丢失来隐含说明。由于网络情况和预订层数的差异,会导致不同的组成员有不同的丢失率,如何确定拥塞信号与丢失率间的关系就成为一个涉及公平性和拥塞响应的关键问题。基于分层多播应用多为不需完全可靠性的应用,若针对每个丢失就立即取消预订的分层,无疑会严重影响传输质量分层;另外,不同分层也存在不同的丢失容许度。因此,可以考虑成员预订层数越高,越容易产生拥塞信号。具体的实现方法可采用 Li[161] 提出的分层拥塞敏感度概念。拥塞信号由分层拥塞敏感度确定,而分层拥塞敏感度包括丢失率门限 l_r 和持续时间门限 t_r 两个参数,当下列两个条件满足时便认为产生拥塞信号。

(1) 包丢失率>丢失率门限 l_r;进入拥塞验证状态。

(2) 拥塞验证状态持续时间>持续时间门限 t_r。

丢失率门限 l_r 和持续时间 t_r 和各自当前预订层数的多少有关,预订层数越多,对拥塞就越敏感。可设 $l_r = L_b/r(i)$, $t_r = T_b/r(i)$,其中 L_b, T_b 分别为第 1 分层(基层)的丢失率门限和持续时间门限,而为 $r(i)$ 为收方 r 当前的预订层数。

2. 分层迁移的稳定性

拥塞消除的过程中,可能会出现这样的情况:当刚完成某个分层迁移后,又有收方发出对该分层进行迁移的请求,使得分层在两个对偶频道间频繁的迁移。频繁的分层迁移会影响传输的效果。为使分层迁移保持一定的稳定性,发方可引入一个迁移保持定时器,分层迁移完成后,立即启动迁移保持定时器,在定时器超时之前,对该分层的迁移请求暂时不作响应,使得分层在迁移后有一定的保持时间。迁移保持定时器超时后,对该分层的迁移请求作正常响应。

3.5.4　仿真结果

为说明分层迁移方法的有效性,我们通过网络仿真软件 ns 比较了分层迁移对拥塞的响应以及对 TCP 流公平性的影响。

图 3-19 是用于该仿真实验的网络拓扑,S_1 和 S_2 是流发送方,分别发送分层

多播流和 TCP 流,分层多播流采用相等速率体制,每层速率为 200 Kb/s;TCP 则采用接收方收到每个报文就发送一个 ACK 的实现,发送窗口为 50,包大小统一为 1 000 字节。R_1 和 R_2 是路由器,采用 FIFO/droptail 调度策略,队列最大长度为 30 个包。H_1 和 H_2 为接收方,分别接收多播流和 TCP 流。

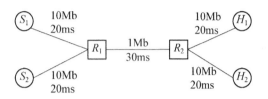

图 3-19 用于仿真的网络拓扑结构

在实验中我们分别比较了具有较大 leave 时延分层多播流和采用分层迁移多播流与 TCP 流的公平性问题。实验中不同流的公平性是采用瓶颈链路 R_1-R_2 上的有效吞吐率(goodput)来说明的。图 3-20 为拥有较大 leave 时延多播流与 TCP 流的比较图,其中 leave 时延为 2~4 s 内的随机值。在实验初始阶段(0~10 s),由于有较小的 RTT 值,TCP 流在带宽的竞争中占据有利位置,多播流的有效吞吐率则随着分层数的增加在逐渐增大。随着丢失的出现($t=12$ s),网络开始出现拥塞,随着 TCP 对丢失的快速响应,其发送速率急剧下降,而多播流由于有较大的 leave 时延,对丢失的响应比 TCP 慢得多,使得多播流在资源的竞争中占据了主导地位,多播流的有效吞吐率也在常时间内处于很高的水平(0.8),TCP 流的有效吞吐率则仅为 0.2 左右,无疑导致 TCP 流在资源共享中的极大不公平性。随着多播流对拥塞的响应,由于其加入实验间隔的增大,TCP 流才逐渐恢复正常。

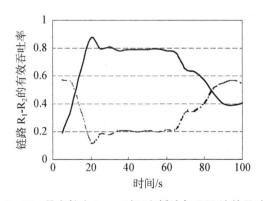

图 3-20 具有较大 leave 时延多播流与 TCP 流的吞吐率

　　图 3-21 为采用分层迁移多播流与 TCP 流的比较图。初始阶段的情况与图 3-20 相似,多播流在 $t=19$ s 时检测到网络拥塞,由于分层迁移能对拥塞实施快速响应,拥塞得以快速消除,导致 TCP 流能随即增加发送速率。因此 TCP 流的有效吞吐率随着速率的增加也相应增加,而多播流则随着分层的取消其有效吞吐率也相应降低。在 $t=60$ s 时,多播流和 TCP 流已趋于稳定状态。对比图 3-20 和图 3-21,可以看出采用分层迁移的多播流较有较大 leave 时延多播流更能给 TCP 流提供好的公平性,还有较快的聚合速度。

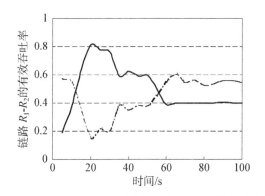

图 3-21　采用分层迁移多播流与 TCP 流的吞吐率

3.5.5　小结

　　针对 IGMP leave 时延过大导致分层多播拥塞控制方案存在拥塞响应慢的问题,本书提出了分层迁移的概念和方法。分层迁移方法用快速的 join 过程替代慢速的 leave 过程,不仅解决了拥塞响应慢的问题,而且无须对现有的 IGMP 协议、路由器以及多播路由协议作任何修改。仿真结果不仅显示了分层迁移方法的可行性和有效性,还表明它能有效改善分层多播流对 TCP 流的公平性。

第 4 章

基于秘密共享的多播密钥管理研究

4.1 多播密钥管理问题与研究现状

无论是因特网服务提供商还是信息或媒体提供商都对多播满怀希望,对于这些商业应用来说,投资必须能够获得收益,然而目前对于多播这种新的多点通信方式还缺乏相应的完善机制,如安全机制来保证投资商获得基本的收益。事实上,安全问题已成为 IP 多播无法大规模普及应用的主要障碍之一。和单播相比,IP 多播更容易收到安全攻击。首先多播会话发起是通过公开的,多播地址也是公开的。其次,存在许多可以截获多播通信的机会(如多播路由器)。此外,由于多播涉及众多的参与者,攻击者易于假冒合法成员进行攻击,攻击造成的影响和损失也较单播大。

IP 多播模型原本不打算提供安全的多播,相反,它允许在其上面附加额外的安全机制和服务来提供方便安全的多播能力。这种将安全与多播模型分解开来的作法使得不同的安全模型和结构不至于影响多播分发树,同时这种分解策略很适合具有不同安全需求的不同应用也是相当重要的。

使用数据加密技术是提供安全多播通信的基本方法,发送方使用组密钥对传输数据进行加密,确保只有合法的组用户才能获得正确的数据。在安全多播中,组密钥不但涉及数据保密还关系组成员的存取控制,因此,组密钥的管理便成为安全多播通信的一个核心问题。IETF 安全多播工作组也将密钥管理作为三个研究方向之一。

鉴于多播密钥管理在安全多播通信中的重要地位,近年来,对多播密钥管理机制和协议的研究受到了很多关注。

4.1.1　多播密钥管理问题

多播密钥管理的核心问题是提供良好的可扩缩性。多播安全中的可扩缩性是指在提供安全通信服务时随着组成员规模的扩大、地域跨度的增大,因服务开销和负担加剧导致系统性能总体的下降程度。对于具体多播密钥管理来说,要考虑多播组的大小规模和组的动态变化,在密钥分发、密钥更新时系统的性能变化情况。因组成员动态变化而导致的密钥更新是多播密钥管理中的关键问题,当组成员在多播会话过程中加入时,为了防止他获悉加入前的服务内容,必须更新当前组密钥,即所谓的后向保密(backward-secrecy);当组成员在多播会话过程中离开多播组,为防止他获悉离开后的服务内容,必须更新当前密钥,即所谓的前向保密(forward-secrecy)。由于单个组成员的加入或离开都可能导致所有组成员执行密钥更新,导致所谓的"1 affect n"的可扩缩性问题。除了可扩缩性外,多播密钥管理还要考虑多播路由协议的独立性、分发/更新的可靠性、完整性和完全性等问题。

当前大规模动态多播组的密钥管理方案基本上采用集中式管理的方案,常见的是集中式密钥管理结构。在该结构中,由单个密钥服务器集中负责多播密钥的管理,然而,这种集中式的密钥管理方案在可靠性、安全性和可用性等方面存在许多的问题:①单点失效问题,单一密钥管理节点会因机器故障、网络攻击、自然灾害导致失效,从而使整个系统瘫痪。尽管采用备份节点的方法可避免单点失效的风险,但数据的多个备份会导致安全隐患,且组密钥的频繁更新会加重备份的负担。②安全问题突出,密钥管理节点安全系统的核心,容易成为网络攻击的目标,会面临更多的主动攻击。另外,密钥管理结点拥有组密钥管理中一切敏感信息,该节点被攻破或泄漏就会导致整个系统安全性的丧失。③容易形成性能瓶颈,多播组规模很大,导致组控制节点负荷过大,很容易出现拥塞或服务质量下降的情况。④系统恢复难度大,组密钥的分发和安全会话的建立是一个费时、复杂的过程,当密钥管理节点瘫痪或失效时,密钥管理信息的恢复或重建将是很困难且很费时的。

多播密钥管理需要解决的问题包括:

(1)可伸缩性:组密钥管理方案应适用于规模大、组成员动态变化比较频繁的多播组。

(2)密钥存储量:密钥存储量包括组密钥管理者需要存储的密钥数量以及用户为了维持正常的组通信所需的密钥数量。在一些平坦式的组密钥管理方案中,组控制者存储大量的密钥,而用户所需的密钥数量极少;类似的为了减少分发会话密钥所产生的通信开销,一些组密钥管理方案要求每个成员存储更多的密钥。

(3) 组成员加入或离开组的安全性:后向安全性要求新成员不能获取其加入之前的组通信内容,前向安全性则要求已离开的组成员不能获取其离开之后的组通信内容。也有一些解决方案通过周期性更新组密钥的策略来改善密钥分发的效率,不过这种效率的提高是以牺牲多播组的安全性能为代价的。

(4) 成员加入或离开组时的开销:当组成员加入或离开多播组,为了确保组通信的安全,对组密钥进行更新所产生的通信开销和计算开销。包括组更新密钥所发送的消息数量、加解密次数等。

(5) 可靠性:组密钥管理的控制报文通常利用不可靠的多播进行传输,这种传输存在丢包乱序重复等情况。如果缺乏确保可靠性的机制,一个组成员没有收到密钥更新报文,它将无法参与后继的多播通信。可靠性也是一个确保多播密钥管理正确而有效工作的重要因素。

(6) 同谋破解:几个恶意节点联合起来,掌握了足够的密钥信息,使得系统无论如何更新密钥,共谋者都可以获得更新的密钥,导致多播密钥管理的前向加密和后向加密失败,或者使得恶意节点可以冒充其他节点进行欺骗。

4.1.2　研究现状分析

最简单直接的方案是发送方与每个组成员共享一个加密密钥,然后通过单播进行安全通信。显然,发送方需要承担繁重的加密负担和传输负担,这种负担随组成员数增加而增大,完全没有考虑可扩缩性,对于大规模多播组来说是不可行的。

Harney 等提出了一个多播密钥管理方案(GKMP)[92-93],该方案创建一个组密钥包(GKP),组密钥包包含当前组加密密钥和以后要用的组密钥加密密钥(GKEK)。组控制器负责组成员身份确认、产生和分发组加密密钥和密钥加密密钥(KEK)。组成员通过相应的密钥加密密钥获得初始组密钥包 GKP。在多播会话过程中,组密钥包将定期更新,其中,GKP 中的 GKEK 将用来获得更新的 GKP。然而,当组成员离开时,GKMP 协议建议多播组重新建立,这显然是低效率的和可扩缩性差的方法。

可扩缩的多播密钥分发协议(SMKD)[94]是采用基于核心的树 CBT 多播路由协议的多播密钥分发方法。该方案利用 CBT 协议中的核心路由器来完成密钥产生和分发的任务。在 CBT 协议中,既然所有组成员的加入请求均会被转发到核心路由器,核心路由器自然成为最适合实施授权和密钥分发的工作角色。然而,这种密钥分发方案要求采用 CBT 多播路由协议,当多播组跨越使用不同多个路由协议域时,这种方案就显示出其局限性。此外,SMKD 并未提供组成员离开时密钥处理的任何措施。

为了解决多播密钥管理中的可扩缩性问题,Wallner 等总结出三种组密钥管理结构[95]。目前,提供较好可扩缩性的常用方法是分层密钥管理,分层密钥管理采用分层密钥树的结构,这种结构将密钥管理实体 KME 与组成员组成一棵分层密钥树,根密钥管理实体为树根,组成员为树叶,中间节点为 KME 或组成员。每个组成员由通向树根的中间节点获取各自的密钥加密密钥 KEK。分层密钥管理的根本目的是实现密钥管理的本地化,通过尽可能地减小密钥更新事件的影响来获得良好的可扩缩性。根据中间节点的不同,分层密钥管理方案又可分为基于节点的分层方案和基于密钥关系的分层方案。

在基于节点的分层方案类型中,Iolus 采用分层子组来实现可扩缩的密钥管理[96]。在 Iolus 系统中,组成员根据使用的密钥被组织成分层结构的子组(subgroup),子组的密钥管理由组安全代理 GSA 负责,每个子组拥有一个唯一的用于向子组成员传送加密多播数据的加密密钥。组安全代理 GSA 收到加密的多播数据后,进行解密操作,在用子组加密密钥进行加密后向子组成员转发。当组加入或离开时,组安全代理 GSA 在子组范围内分发新的子组加密密钥。尽管 Iolus 通过组安全代理 GSA 获得了良好的可扩缩性,但由于组安全代理 GSA 通常为第三方提供的路由器,且 Iolus 并未提供任何机制来避免保密数据的泄漏,因此需要可信的第三方改善 Iolus 作为密钥管理协议时存在的局限性。此外,由于组安全代理 GSA 需要进行解密-加密操作,也导致了一定的运算负担和时延。

DEP[97] 也使用基于节点的分层方案来解决可扩缩性问题,每个子组管理器 SGM 负责子组内密钥分发和存取控制,其中子组管理器 SGM 作为参与者将无法获得加密的多播数据,DEP 使用两组加密密钥来实现这一目标,发方负责发送组会话密钥,而子组管理器 SGM 负责分发本地子组密钥,只有获得两种密钥才能获得多播数据。DEP 避免了 Iolus 协议中的需要可信第三方的局限,同时还保留子组管理来获得好的可扩缩性。当组成员加入时,除了子组管理器 SGM 更新子组密钥外,还需从发方获得组会话密钥。

基于密钥关系的分层方案将所有密钥包括多播会话密钥及组成员密钥加密密钥 KEK 组织为分层树的形式。密钥分层树由组密钥服务器 GKS 负责,每个组成员使用多个密钥加密密钥 KEK 完成组密钥的更新和维护。叶子节点表示组成员与组密钥服务器 GKS 唯一共享的密钥;根节点代表组会话密钥;中间节点为其后代节点的共享密钥加密密钥 KEK。根节点存储所有的密钥,每个组成员则存储从叶节点到根节点路径上的代表的密钥。Harney 等提出的逻辑密钥分层 LKH 协议[98]采用二叉树形式的密钥关系分层方案来实现可扩缩的密钥管理,组密钥服务器 GKS 需要存储 $O(2n)$ 个密钥,其中 n 为多播组大小;而每个组成员需要存储 $O(\log n)$。当组成员加入或离开时,从该组成员到根结点路径上的所有密钥均需要更新,由于每个新密钥均需包含两次,密钥更新包的长度为组密钥长度的 $O(2\log n)$ 倍,在密钥更新过程中,组成员为获得新的组密钥最多需要 $O(\log n)$ 次解密操作。为了减少通信及解密操作的负担,Perlman 对 LKH 做了适当的改进,他使用一个单向函数和现有的密钥来获得新的密钥函数。Wong 等[99] 推广了 LKH,提出更为一般化的使用密钥图方法,他们认为对于大规模多播组,最优的密钥分层树的度不是 2 而是 4。

对于组规模巨大的应用来说,降低密钥管理的负担显得很重要。为进一步降低密钥更新的负担和开销,Balenson 等[100] 提出单向函数树 OFT 的概念,对分层密钥二叉树的中间节点不再分发密钥,而是使用其子节点密钥通过单向函数产生,这一过程可由叶子节点,即组成员的私有密钥递归产生。同样,组密钥服务器 GKS 向每个组成员提供从叶节点到根节点路径上的代表的密钥。当组成员动态变化时,需要对单向函数树进行调整。每次成员变动只需 $O(\log n)$ 个密钥发生改变。尽管每次成员变动只需要 $O(\log n)$ 个成员进行更新计算,但其他内部节点需要进行重算。

秘密共享理论涉及的是如何在一组参与者间分配或共享一个秘密,而该共享秘密只有在预先确定的足够数量的授权用户共同参与时才能被恢复。秘密共享概念和机制最早由 Shamir[101] 和 Blakley[102] 分别独立提出,此后,对秘密共享的研究逐渐深入,逐渐成为密码编码学中的热门研究领域。

和秘密共享理论紧密相关的是门限密码编码学,它涉及将密码编码操作分配到一组参与者中,允许包含多个个体的组进行(如加密、解密、签名等)密码编码操作。

安全多播通信除了单个发方的"一对多"应用外,还涉及同时存在多个发方的"多对多"和"少对多"应用。除了可扩缩性问题外,多对多和少对多安全组密钥管理还涉及无可信方的组密钥协商,发方和收方间密钥管理的不同需求等方面的问题。在对多对多对等组密钥管理的研究中,组密钥协商问题受到了更多的重视,出现了许多组协商协议,这些协议主要是将 Diffe-Hellman 密钥交换方法扩展到含有多个参与方的对等组中。Steiner 介绍了一类称为一般组 Diffe-Hellman(GDH)密钥协商协议,并证明了整个协议簇能抵御被动攻击。Poovendran 等[108]采用一种基于简单异或运算的方法来实现组密钥协商。

将共享秘密用于多播密钥管理的尝试还不多,比较典型的如 Blundo 等[109]提出的安全动态会议密钥分发协议,该协议使用秘密共享机制来支持一对多和多对多的组密钥分发。然而该协议中产生的秘密信息的长度与组成员数的大小有关,因此该方案被认为是不具可扩缩性的。

4.1.3   多播密钥管理体系结构

根据不同的划分标准,多播密钥管理方法可以分成不同的类别。按照管理方式来分类,多播密钥管理方案可以分为集中式(centralized)和分布式(distributed)这两种管理方式;按照密钥管理体系结构来分类,多播密钥管理方案又可以分为平面型(flat)和层次型(hierarchical)两种不同的体系结构。然而,多播密钥管理的管理方式和体系结构是紧密相关的,两者相互交融。因而,又有集中式平面型多播密钥管理方案、集中式层次型密钥管理方案、分布式层次型多播密钥管理方案等更为细致的类型划分。除此之外,还有一种子组式(subgroup)多播密钥管理体系,它结合了不同的管理方式以及不同的体系结构,形式更为丰富。

1. 集中式密钥管理

在集中式的系统中,只有一个组控制者对整个群组的密钥进行管理。这个中心控制者在进行访问控制和密钥分配时并不依赖任何辅助实体。然而,由于只有一个管理实体,这种系统很容易发生单点故障。当控制者发生故障时,整个群组都会受到影响。在这种系统中,群组的保密性完全依赖于单个组控制者的正常工作,当控制者不能正常工作时,即群组密钥不能被正确的产生、更新和分配时,整个群组就会变得容易遭受攻击,而且,一个控制者很难管理大型群组,这会导致可扩展性问题。

集中式多播密钥管理中很有代表性的是逻辑密钥层次结构(LKH)[99]。在这种方法中,组管理者需要维护一个密钥树。树中的每个节点都持有一个密钥加密密钥。树的叶子节点对应群组成员,每个叶子持有与其对应的组成员相联系的密钥加密密钥(KEK)。对每个群组成员来说,其接收并维持与其相联系的叶子节点的 KEK,同时每个群组成员还要接收并维护从其父亲节点到根节点的每个节点的 KEK,树的根节点所持有的密钥就是群组密钥。对一个平衡树来说,每个成员至

多存储 $\log(2n+1)$ 个密钥,其中 $\log(2n)$ 是树的高度。在层次二叉树的基础上,McGrew 和 Sherman 提出了单向函数树方案(OFT)[100]。这种方法将密钥更新消息的大小从 $2\log 2n$ 减少到了 $\log 2n$。在这种方法中,每个 KEK 是经过计算而并不是分配得到的,利用单向函数对每个节点的孩子的 KEK 进行置乱后得到盲密钥,然后使用混合函数将盲密钥混合在一起生成父节点的 KEK。

2. 分布式密钥管理

集中式多播密钥管理方案的主要缺陷是存在性能瓶颈和单点失败。为了防止出现这些问题,因而有了多播密钥管理的分布式解决方案。在分布式的多播密钥管理方案中,参与通信的节点是对等的,通过某种密钥协商算法生成组密钥。这类方案不存在集中式中单一失效点的问题,并且很适合对等的应用模式。

对等群组通信的特点是组成员规模不大,各个参与群组通信的成员都是平等的,不存在任何管理控制节点成员,这些对等的具有分布式协同关系的成员分布于开放网络环境下,它们构成的通信群组同样可以基于多播通信网络。对于这类群组通信的安全,密钥管理具有不同的特征,首先不存在集中控制的密钥服务器,成员之间通信保密的组密钥由各个成员之间采用一种协商的方法生成,组密钥是基于每一个成员贡献的一个秘密份额,而且成员的加入或退出,需要进行密钥更新。

在集中式方案 LKH、OFT 等协议基础上出现了分布式 LKH 协议[110]和分布式 OFT 协议[111],分布式 LKH 协议不存在任何组控制器,协议通过两个子树来协商产生一个共同的加密密钥;分布式 OFT 协议也不存在任何的组控制器,每一个组成员产生自己的盲密钥并且发送给它的兄弟节点,最后通过一个单向函数来产生组密钥。对于动态对等群组通信,近年来出现的一些密钥交换协议,本质都是一种基于 diffie-hellman 协议的多方密钥协商方法[112],由每一个群组成员贡献一个平等的密钥份额,通过某种协商方法自行生成群组密钥。其中 CLIQUES 协议[113]将所有的组成员安排为一个逻辑线性结构,并且顺序地传递密钥信息,每个成员根据上一个成员传递过来的信息添加自己的密钥份额后计算出新的密钥信息,然后传递给下一个成员,最后一个成员把所有的密钥信息发送给其他所有的成员,每一个成员通过这一密钥信息和自身的私钥信息计算出组密钥。密钥协商的方法最大的问题是可扩展性差,当成员加入或退出时,密钥更新效率较低。Kim 等借助于 LKH 的方法,提出了一种基于二叉树的组密钥协商协议(tree based diffie hellman, TGDH)[114],将两方的 DH 密钥交换协议扩展为一种分担式的组密钥协商协议,群组密钥的生成建立在基于每一个组成员提供一个秘密份额的基础上。

TGDH 是目前众多密钥协商方案中较好的一种协议,近年来出现的很多新协议基本上都是在 TGDH 协议基础上进行了改进。Zhou 等将门限方案用于 TGDH 协议,提出了可认证和容错的密钥协商协议——AFTD 协议[115],降低了通信带宽开销。Zou 等[116]对 TGDH 协议密钥更新进行了改进,设计一个虚构的密钥树和一个逻辑密钥树同时用于密钥更新过程,使得密钥更新计算的同时不影响群组通信的中断,实现密钥更新过程的无阻塞。

3. 分层分组式密钥管理

可扩缩性问题是多播密钥管理中一个非常重要的问题,提供较好可扩缩性的常用方法是分层密钥管理。分层分组式通过糅合集中式和分布式这两种形式,使得在某些方面的性能有所改进,更能适应某种特殊应用,但并没有从根本上解决集中式或分布式所存在的问题。

4.2　秘密共享的基本理论

4.2.1　秘密共享的概述

在现实生活中,锁和钥匙是一种解决安全性和可用性最常用的方式。锁已成为最常用的安全工具。锁的形式很多,不同的锁提供不同的安全强度。然而,这种安全性不仅由锁的牢固程度决定,同时也与能否轻易开锁的钥匙有关。由于钥匙存在可复制、易丢失等问题,再牢固的锁,如果钥匙的安全性无法保障,安全也将无从谈起。因此,钥匙的使用与安全将是一个颇为头痛的问题,特别是涉及会导致严重后果的钥匙,如开启银行金库的钥匙、核武器的发射钥匙等。这类钥匙和普通钥匙不同,它们的安全至关重要,使用却要极其慎重,普通钥匙难以胜任,一个更安全的方式是需要多把不同的钥匙同时插入才能开锁,即多把钥匙同时插入的保险柜模式。这是一种新的钥匙管理方式,足够数量的钥匙同时插入才能有效,可有效降低钥匙丢失、被复制造成的危险,也避免了钥匙滥用所造成的风险。

密码学中的信息加密为数字信息提供了另一种形式的锁和钥匙,加密算法就是锁,密钥就是钥匙。常规的对称加密方式就提供了这种"一把钥匙开一把锁"机制。可以说在所有的安全系统中都使用密码技术,而安全系统中所使用的密钥通常存储在不可靠的第三方实体,因此我们通常对密钥进行加密存储。从某些层面上来说,这样做固然增加系统的安全性,但还是面临一个新的问题:如何存储管理加密密钥的密钥? 所以,不管我们怎么做,都不可避免地要在不可靠的实体上或多或少地存储涉及系统安全的密钥,而这些密钥有可能正是系统的核心密钥,如 CA (certification authority)用来产生证书的密钥。这些密钥是如此的重要,一旦被泄露将会产生极其严重的后果,甚至导致整个系统的崩溃。因此我们迫切需要一种方法,既能确保密钥的保密性,同时又不降低密钥的可用性。

在密码学中,也提供了更为安全的"保险柜"安全机制,这就是秘密共享。所谓秘密共享,就是一种分发、保存和恢复秘密密钥(或其他秘密信息)的方法,它将秘密密钥拆分成一系列相互关联的秘密信息(称为子密钥或影子密钥),然后将子密钥分发给某群体中的各个成员,使得授权集中的成员拿出他们的子密钥后,就可以用既定的方法恢复该秘密密钥,而非授权集中的成员则无法恢复该密钥。在现实的安全系统中使用秘密共享方案,可以防止系统密钥的遗失、损坏和来自敌方的攻击,减小密钥持有者的责任,同时还可以降低敌方破译密码的成功率。秘密共享方案很好地解决了这两个方面的问题,同时兼顾了密钥的保密性和可用性。

秘密共享是作为密钥管理的一种方法和工具而提出的,密钥管理成为秘密共享最主要应用领域,秘密共享广泛应用于不同信息系统的密钥管理,新的密钥管理需求也推动了秘密共享理论的研究。随着对秘密共享理论研究的深入,秘密共享的应用已从密钥管理扩展到安全多方计算、组签名、入侵容忍等多个方面,逐渐成为现代密码学中的基本工具。

4.2.2　秘密共享理论的发展

研究最早一类秘密共享称为(t, n)门限秘密共享,门限秘密共享概念和机制最早由 Shamir 和 Blakley 分别独立提出。Shamir[101]提出了基于有限域上多项式插值的门限秘密共享方案,而 Blakley[102]提出了基于几何矢量的门限秘密共享方案。为建立秘密共享完善理论,研究者使用不同的方法对秘密共享模型进行描述和表示。Karnin 使用信息论熵的方法对秘密共享进行了系统的定义和描述[83],并证明了对于门限秘密共享,有影子的信息熵不小于共享秘密的信息熵。Brickell 等[117]提出了完备秘密共享的矩阵表示模型,并信息率的概念来刻画共享秘密与其子秘密的大小关系,通过信息率来定义和研究完备秘密共享。Capocelli 等[118]指出对于任何完备秘密共享都有影子的信息熵不小于共享秘密的信息熵的结论。

Kurosawa 等[119]进一步证明了表示影子所需的位数不低于表示共享秘密所需的位数。

门限秘密共享在秘密共享理论和具体的应用中占有重要的地位,除了 Shamir 方案和 Blakley 方案之外,又提出了实现门限秘密共享方案的不同方法,Simmons 实现了基于有限域上仿射空间上的门限秘密共享方案。Asmuth 等[120]提出了一种基于中国剩余定理的(t, n)门限秘密共享方案。Karnin 等[121]提出了一种基于矢量乘法的门限秘密共享方案,并提出了一种简单的在 Z_m 实现的(t, t)门限方案,这种(t, t)门限方案可作为构建其他秘密共享方案的基础。

Ito 等提出了具有一般存取结构的一般秘密共享概念,他们提出每个单调存取结构都可找到实现该存取结构的秘密共享方案[122]。组合结构(combinatorial structure)和秘密共享之间存在许多联系,Stinson 等研究了基于组合设计的门限秘密共享方案[123]。Chaudry 等使用 room squares 中的关键集来实现多层次的秘密共享方案[124]。Simmons 讨论了带扩展能力的秘密共享方案[103]。Blakley 提出了带除名能力的秘密共享概念,他们研究了当影子泄漏成为无效影子的处理方法,带除名的秘密共享能对有效的影子进行修改来使泄漏影子无法在后来的秘密恢复成为无效影子[104]。Charnes 提出通过对影子进行离散对数的变换来实现带除名的秘密共享[105]。Simmons 首次提出动态秘密共享的思想,通过向所有参与者广播信息来激活不同的秘密存取结构或允许参与者重建不同的秘密[106]。Harn 等给出了通过广播消息使参与者能在不同时间内恢复不同的共享秘密[107]。Blundo 等提出无条件的全动态秘密共享方法,并讨论了这种机制中参与者所持影子大小、广播消息大小及所需随机量的下界[125]。Cachin 首次提出了在线秘密共享机制,这种机制具备动态改变共享秘密来增加新的参与者,同时无需向现有参与者重新秘密分发新的影子[126]。Pinch 改进了 Cachin 方案,使得参与者的影子能够重新使用[127]。

作为一种密码编码机制,秘密共享也会遭受许多攻击。传统的秘密共享机制假定影子的持有者均是诚实的,但如果影子持有者中出现欺骗行为会导致一些严重的后果。Tompa 等指出 Shamir 秘密共享容易遭受不诚实参与者的欺骗[128]。事实上,任何线性秘密共享方案都会遇到同样的问题。防止欺骗的方法分为有条件和无条件两种,对于有条件安全秘密共享,在秘密合成器重构秘密前要验证提交影子的有效性。

共享秘密机制通过将秘密分配到不同的影子持有者手中来保护秘密信息,然而对于敏感秘密信息及秘密保存有效期较长的应用来说,这种安全强度是不够的。

主动秘密共享(proactive secret sharing)就是采用定期更新秘密影子的方法来提高保护共享秘密安全的方法。

4.2.3　秘密共享的分类

　　根据秘密共享要素属性的不同,秘密共享有许多不同分类方法,不同的分类从不同的侧面刻画了秘密共享的基本内涵。图4-1为秘密共享的根据不同特征进行分类的示意图。

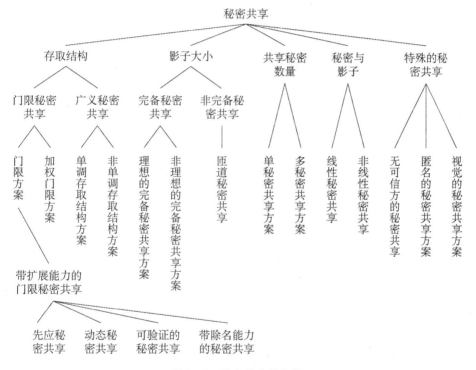

图 4-1　秘密共享的分类

1. 从存取结构上进行分类

　　存取结构决定所有能共享秘密参与者的组合结构。从存取结构上看,秘密共享分为门限秘密共享和广义的秘密共享两类。门限秘密共享的存取结构具有一个门限值,只要汇集不同影子的数目达到门限值,就可以恢复共享秘密,换句话说,所有授权集的阶都是相同的。假定参与者的总数为 n,门限值为 $t(t \leqslant n)$,则授权集

的总数为组合数 C_n^t。一般秘密共享具有任意的存取结构,授权集的阶可能是不相等的。

门限秘密共享最为常用,为适应不同的应用需求,门限秘密共享又可进行不同的能力扩展,形成特殊的秘密共享。

2. 从秘密泄露与影子的大小上进行分类

从秘密泄露与影子的大小上进行分类,秘密共享可分为完备秘密共享和非完备秘密共享两类。完备秘密共享方案不会对任何非授权集的参与者泄漏共享秘密的任何信息,而非完备秘密共享会向未授权的个体泄漏共享秘密的部分信息。

从信息率的角度也可以区分完备秘密共享和非完备秘密共享。完备秘密共享方案的一个必要条件就是,对于每一个影子 s_i,有 $H(s_i) \geqslant H(K)$。换句话说,完备秘密共享方案的信息率 $\rho \leqslant 1$;非完备秘密共享方案的信息率 $\rho > 1$。

完备秘密共享为秘密的共享提供了关键的安全性,付出的代价是影子的大小不可能低于共享秘密的大小;而非完备秘密共享则因为存在共享秘密的泄露而不具备安全性,但其较小的影子则为共享秘密的分割提供了有效的方法。

由于完备秘密共享的信息率必然小于或等于1,因此信息率等于1的秘密共享方案就是一种最优的完备秘密共享方案,我们将信息率等于1的完备秘密共享称为理想的完备秘密共享。

3. 从共享秘密与影子的关系进行分类

从共享秘密与影子的关系进行分类,秘密共享可分为线性秘密共享和非线性秘密共享。在线性秘密共享中,共享秘密是影子的线性组合。

4. 从共享秘密数量上进行分类

从共享秘密数量上进行分类,秘密共享可分为单秘密共享和多秘密共享。

4.2.4 完备秘密共享的数学模型

1. 秘密共享的基本要素

(1) 共享秘密:秘密共享方案中的第一个要素是共享秘密,共享秘密分为显式和隐式两种类型,显式共享秘密是指共享秘密是由秘密共享方案之外因素决定的秘密。换句话说,秘密共享方案要保护是预先确定特定秘密,如银行账户、保险箱密码、控制口令等。隐式共享秘密是指共享秘密可以是由秘密共享方案确定在特定范围内的随机选取的值。隐式共享秘密常用于实现并发控制的场合,或用于确保加密数据安全的密钥。

通常情况下,秘密共享方案只共享一个共享秘密,但也可同时共享多个秘密,形成多秘密共享方案。在只有一个共享秘密的秘密共享方案中,通过多次使用秘密共享方案也可形成主秘密、子秘密、子秘密的子秘密等多种秘密。

(2) 影子(shadows):影子,又称份额(shares),是指可用于恢复共享秘密的信息。共享秘密方案将共享秘密分为不同的影子,秘密的共享就是通过将影子分发给不同的用户来实现的。通过汇聚特定数量的影子就可以恢复共享秘密。

秘密共享方案通过影子来实现秘密的共享和控制,获得影子才有共享秘密的资格,不满足特定要求的影子无法恢复共享秘密,甚至无法通过手中的影子来获得共享秘密的任何信息。影子可以被取消或撤销,被撤销的影子将成为无效的影子。此外,通过控制影子的权重和数量,也可以实现秘密的层次控制。

(3) 存取结构(access structure):秘密共享的存取结构是指所有通过参与者联合起来可恢复共享秘密的结构的集合。只有汇聚属于存取结构参与者的影子才能恢复共享秘密,否则将无法恢复共享秘密,甚至获得共享秘密的任何信息。

存取结构是确定秘密共享方案的重要参数,它确定影子的产生、控制共享秘密的恢复和共享。存取结构通常分为两类:一类是门限存取结构,即只要汇聚的不同影子数达到特定的数量就可恢复共享秘密。另一类是广义的存取结构,恢复共享秘密汇聚的影子数可以是不相等的。不同的存取结构类型,对影子的影响是极其深远的。

(4) 影子产生器、庄家(dealer):庄家是秘密共享方案中的一个重要角色,其主要功能是根据存取结构产生共享秘密的影子,对于隐式共享秘密还要产生共享秘密。显然,由于庄家知道所有的共享秘密,因此庄家对秘密共享方案安全性的影响是至关重要的。

秘密共享方案通常要求庄家是可信任的第三方,并不参与共享秘密。当没有可信第三方,或第三方无法获得所有参与者信任时,秘密共享方案必须确保庄家无法获悉共享秘密和任何影子信息。

(5) 秘密恢复器(combiner):共享秘密的恢复是通过秘密恢复器来完成的,根据存取结构,秘密恢复器汇聚特定的影子便可恢复共享秘密。共享秘密恢复涉及的两个问题:一是影子保密,秘密恢复器汇聚了影子,因此也就知道了汇聚的影子;二是恢复出的共享秘密如何共享。

4.2.5　门限秘密共享方案

门限秘密共享是一类有着广泛应用的秘密共享。门限秘密共享应用的广泛性是源于以下一些因素。

(1) 门限存取结构在现实应用中极为常见;

(2) 便于构造理想的完善门限秘密共享方案;

(3) 门限秘密共享的参与者规模可以很大;

(4) 门限秘密共享的构造简单;

(5) 门限秘密共享可用来构造一般的秘密共享方案。

Shamir 门限方案是基于有限域上多项式插值的方案,也是应用最为广泛的一种秘密共享方案。

在 Shamir(t, n)-门限秘密共享方案中,Dealer 根据共享秘密 S 和影子输入数量 n 选择一个有限域 $GF(q)$,其中 S 为 $GF(q)$ 中的一个元素,$q \geqslant n+1$。然后在 $GF(q)$ 随机选取 $t-1$ 个参数 $a_1, a_2, \cdots, a_{t-1}$,再使用 $S, a_1, a_2, \cdots, a_{t-1}$ 在 $GF(q)$ 构造一个 $t-1$ 次多项式 $f(x)$:

$$f(x) = a_0 + a_1 x + a_2 x^2 + \cdots + a_{t-1} x^{t-1}$$

其中,$a_0 = S$,显然有 $S = f(0)$。

在影子秘密分发阶段,对于 n 个共享秘密参与者 $\{P_1, P_2, \cdots, P_n\}$,Dealer 在 $GF(q)$ 上随机选取 n 个不同的非零数 $\{x_1, x_2, \cdots, x_n\}$,分别计算 $y_i = f(x_i)$,$i = 1, 2, \cdots, n$,将 (x_i, y_i) 作为影子分别发送给参与者 P_i。

在共享秘密恢复阶段,至少 t 个参与者合作就能恢复共享秘密,通过汇集 t 个影子秘密 $\{(x_{i_1}, y_{i_1}), (x_{i_2}, y_{i_2}), \cdots, (x_{i_t}, y_{i_t})\}$,得到有限域 $GF(q)$ 下的线性方程组:

$$a_{t-1} x_{i_1}^{t-1} + \cdots + a_1 x + a_0 = y_{i_1}$$

$$a_{t-1} x_{i_2}^{t-1} + \cdots + a_1 x + a_0 = y_{i_2}$$

$$\cdots\cdots\cdots\cdots\cdots\cdots\cdots\cdots\cdots\cdots$$

$$a_{t-1} x_{i_t}^{t-1} + \cdots + a_1 x + a_0 = y_{i_t}$$

根据 Lagrange 插值公式有

$$S = f(0) = \sum_{j=1}^{t} y_{i_j} b_{i_j}$$

$$b_{i_j} = \prod_{\substack{1 \leqslant k \leqslant t-1 \\ k \neq j}} \frac{x_{i_k}}{x_{i_k} - x_{i_j}}$$

将 $x=0$ 代入 $f(x)$ 得到秘密 $S = f(0)$。图 4-2 为 Shamir-$(2, n)$门限秘密共享的几何意义,直线方程为秘密共享多项式,共享秘密为多项式常数项的值,直线上所有横坐标非零的点为构成该共享秘密的影子,任意两个不同的影子可以恢复出共享秘密。

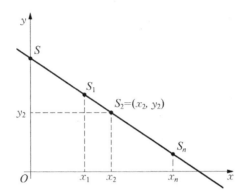

图 4-2 Shamir-$(2, n)$门限秘密共享的几何意义

Shamir(t, n)-门限方案简单实用,得到了广泛的引用,其中门限参数 t 起到调节机密性和可用性的作用。此外,(t, n)秘密共享方案具有容错的功能,只要毁坏的影子少于 $n-t$ 仍能恢复出共享秘密。

Shamir(t, n)-门限方案具有许多很好性质:

(1) Shamir(t, n)-门限方案是完备的、理想的秘密共享方案。

(2) 计算简单,有关 n 个影子秘密的产生和共享秘密的恢复的时间复杂性为 $O(n\log^2 n)$。

(3) 在门限 k 不变的情况下,动态增加或撤销影子秘密很容易。

(4) 通过分配不同数量的影子秘密,可实现带层次结构的秘密共享,通过为不同级别的用户赋予不同的权值(影子密钥数量)来实现灵活的控制方案。

(5) 具有$(+, +)$同态性质(homomorphism property),在不改变共享秘密的情况下,可对现有影子秘密进行更新。

4.2.6 特殊的秘密共享

带扩展能力的秘密共享是指具有一些特殊功能的秘密共享方案,对秘密共享扩展能力的研究极大地促进了秘密共享理论的发展和完善,也扩大了秘密共享的应用领域。

(1) 无可信方的秘密共享:没有可信的 dealer,共享秘密由参与者共同产生,在共享秘密重构前,没有任何成员知道完整的秘密。

(2) 带除名能力的秘密共享:研究当影子泄漏或成员撤销时的处理方法,通过对有效的影子进行修改或变换,使泄漏影子或被撤销成员的影子无法恢复出新的共享秘密,成为无效影子。

(3) 动态秘密共享:通过向所有参与者广播信息来激活不同的秘密存取结构或允许参与者重建不同的秘密。

(4) 在线秘密共享:在线秘密共享机制具备动态改变共享秘密来增加新的参与者,同时无需向现有参与者重新秘密分发新的影子。

(5) 先应式秘密共享(proactive secret sharing, PSS):对于敏感秘密信息及秘密保存有效期较长的应用来说,这种安全强度是不够的。通过旧的秘密影子,PSS能为同一共享秘密产生新的影子,可以实现影子的更新,能有效降低共享秘密被攻击导致泄漏的程度。

(6) 可验证的秘密共享机制(verifiable secret sharing, VSS):可验证的秘密共享机制 VSS 是解决秘密共享中欺骗问题的一种有效方法,同时,VSS 还能检测秘密影子分发者的欺骗行为。

4.3 基于秘密共享的广播加密多轮撤销方案

近年来,付费电视、流媒体服务及内容分发服务等应用有了巨大的增长,这类应用通常基于一个单向广播或多播分发信道(如卫星或有线电视网),数字化的内容经过加密以确保只有授权的用户才能解密内容获得正常的服务。用户通过付费成为授权用户,这种授权用户的资格是有时间期限的,换句话说,用户的授权资格是动态变化的,当用户的授权资格到期时,用户的授权就要相应被撤销。广播加密[129-130]就是通过在广播信道中广播特定信息来改变用户未来授权资格的有效方法,撤销方案就是处理如何有效撤销授权用户的方法,因此,广播加密可用来实现群组通信应用中的组成员动态撤销,广播撤销信息后,未能获得授权资格的用户在新一轮的通信服务中将无法解密服务内容,从而达到被撤销的目的和效果。为了防止用户密钥的滥用,打击盗版,叛徒跟踪[131]被用来识别泄露密钥的用户,通过跟踪机制与广播加密机制的结合[132-133],对泄露密钥的用户或盗版用户可通过广播加密方法进行撤销。

撤销方案通常使用一个重要的参数来说明撤销能力的强弱。如果一个撤销方案能够在 n 个用户中撤销其中的 m 个用户,同时能抵御这 m 个用户的合谋攻击,则称是具有 m 撤销能力的撤销方案。撤销方案可分为单论撤销和多轮撤销两类。单轮撤销执行一次撤销,至多可撤销 m 个用户;而多轮撤销可进行持续多次撤销,每次撤销至多可撤销 m 个用户。为应对付费广播或多播应用的盗版行为,多轮方案更为适合。因为应对盗版行为是一个持续的过程,并且随着撤销用户的增加,多轮撤销方案能抵御日渐增加被撤销用户的合谋攻击。

和基于树的撤销方案相比,基于秘密共享的撤销方案具有以下优点:

(1) 密钥存储量小,存储的个人密钥与组内用户总数无关。

(2) 撤销的通信开销和计算开销只依赖于参数 m。

(3) 平坦式的控制结构比树形控制结构简单。

已有一些基于秘密共享的撤销方案提出,Naor 等[132]提出了一个基于 Shamir 秘密共享的高效撤销方案。除了基本的一轮撤销方案,还考虑了多轮撤销问题,其多轮撤销实际上单轮次撤销的重复使用,但每个轮次至多撤销 m 个用户。由于该方案依赖于决策的 Diffie-Hellman 难题(DDH),因此整体是计算安全的。另外,方案只能抵御至多 m 个用户的合谋攻击。为了确保系统的安全性,m 个值必须设置得充分大,这意味着秘密共享多项式的度必须很大,导致更长的通信开销和计算开销。

为解决上述问题,我们利用 Staddon 等[134]的分发技术,Yang[135]提出一个基于秘密共享的无条件安全的多轮撤销方案,方案支持每个轮次至多撤销 m^2 个用户,抵御所有被撤销用户的合谋攻击。

4.3.1　模型和定义

假定多播系统拥有一个组管理员和 n 个用户 $U=\{U_1, U_2, \cdots, U_n\}$,通信信道为公开但可靠的广播信道,组服务通过在广播信道广播加密数据来提供,合法组用户的服务通过获取当前会话密钥解密加密数据来获得。组管理员负责产生、分发会话密钥和撤销用户。所有这些操作均通过广播加密的方式来实现。

系统的所有操作均定义在有限域 F_q 上,其中 q 为远大于 n 的素数,用户成员允许动态加入或离开,系统的整个通信服务过程被分为多个相连的会话轮次,不同的轮次使用不同的会话密钥。会话密钥的分发由组管理员进行广播,因此,这个撤销过程是多轮撤销。第 j 轮撤销开始于第 j 轮末期,结束于第 $j+1$ 轮会话开始前。我们用 R_j 表示第 j 轮要撤销的用户集,令 K_j 和 B_j 分别表示第 j 轮的会话密钥和广播消息,每个用户 U_i 在注册为组用户时可从组管理员获得相应的用户标识和个人影子密钥 S_i。

4.3.2　广播加密撤销方案

1. 基本机制

多轮撤销方案使用一系列的一次性撤销方案,在一个撤销轮中,组管理员会更换正在使用的组会话密钥,被撤销的用户将无法再获得新的组会话密钥,而未被撤销的成员将可以获得新的密钥。撤销过程与密钥更换过程将通过广播信息来实现,所有用户都可通过广播信道获得广播的密钥更新信息。未被撤销的用户将可以通过广播信息恢复出新的会话密钥,而被撤销用户将无法通过广播消息恢复出新的会话密钥,这样在下一个会话阶段,这些被撤销用户将无法对加密的广播信息进行有效解密,也就无法再享受广播服务,撤销就自动完成了。当然,撤销方案还必须防止多个被撤销用户通过组合各自的信息来获得新的会话密钥。

我们提出多轮撤销方案使用一系列的一次性撤销方案,每个一次性方案使用 Shamir 秘密共享方案可至多撤销 m 个用户,由于 Shamir 秘密共享方案采用 m 次秘密共享多项式,因此在一次撤销中可抵御 m 个用户的合谋攻击,即 m 个被撤销用户无法恢复共享秘密或组密钥。

多播密钥分发和更新算法的基础是基于秘密共享的多轮撤销算法,撤销算法将完成撤销用户、分发新会话密钥和更新多播成员的个人主密钥三个功能。算法基本原理和广播消息格式如图 4-3 所示,这一过程是通过广播撤销成员的相关信息及新的密钥信息来实现的,广播信息中会话密钥和个人主密钥信息都已被安全屏蔽,因此广播消息可在不安全的广播信道上传输。多播成员收到广播消息后,通过其个人主密钥可对广播消息中屏蔽的信息进行恢复,获得新的会话密钥和新的个人主密钥。

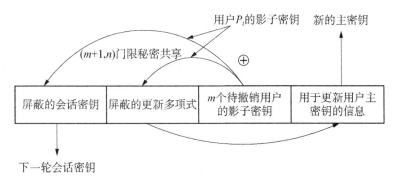

图4-3　广播消息格式和算法基本原理

广播消息中新的会话密钥 K_{j+1} 被一个由多播组共享的秘密信息 S_j 所屏蔽,使用一个 $(m+1, n)$ 的门限秘密共享方案将秘密 S_j 分成 n 个影子密钥供多播组成员共享,只要获得 $m+1$ 个影子密钥即可恢复共享秘密 S_j。每个多播组成员都拥有自己的主密钥,主密钥包含一个共享秘密 S_j 的影子密钥及用于更新影子密钥的信息。广播消息中包含 m 个用户的影子密钥。

撤销算法的过程:未被撤销的用户将其影子密钥会同广播信息中的 m 个用户的影子密钥,使用恢复算法获得共享秘密 S_j,通过共享秘密 S_j 获得新的会话密钥 K_{j+1} 以及新的共享秘密 S_{j+1} 的影子密钥,并更新其他主密钥信息;被撤销的用户至多只能获得 m 个影子,不能恢复出共享秘密 S_j,也就无法获得会话密钥 K_{j+1} 和新的共享秘密 S_{j+1} 的影子密钥。

在新的撤销轮次中,将生成一个新的共享秘密来屏蔽新的会话密钥,同时更新的多项式用来更新剩余用户的个人密钥。共享秘密通过一个二元 m 次多项式以广播形式分发。用户的个人密钥包括个人标识、影子密钥和其他必要的信息。如图4-3显示广播消息格式和撤销算法的基本原理。每轮的广播消息包括四个部分:屏蔽的会话密钥、屏蔽的更新多项式、m 个待撤销用户的影子密钥和用于更新用户主密钥的信息。每个未被撤销的成员使用 m 个待撤销用户影子密钥和自己的影子密钥可恢复出共享秘密,然后通过共享秘密从屏蔽会话密钥中恢复出下一轮次的会话密钥。此外,未被撤销的成员还可通过共享秘密和屏蔽的更新多项式获得属于自己的在更新多项式中的特定值,由于被撤销用户的影子密钥已经公开,剩余组用户的影子密钥必须进行更新。通过更新多项式可以获得新的影子密钥。

而被撤销用户由于只拥有 m 个影子密钥,无法从$(m+1, n)$门限秘密共享中获取新的会话密钥,将无法获得下一阶段的组服务,换句话说,他们被撤销了。

2. t-撤销能力的方案

构造算法 1：具有 m-撤销能力的多轮撤销方案。

(1) 建立阶段：令 j 为表示当前的会话轮次,会话初始 $j=0$。令 m 为一个正整数,系统参数 N_1, $N_2 \in F_q$,均不等于任何用户标识号。组管理员构建一个随机二元多项式 $F_q[x, y]$：$s_j(x, y) = a_{0,0}^j + a_{1,0}^j x + a_{0,1}^j y + \cdots + a_{t,t}^j x^m y^m$,和一个一元 m 次多项式 $h_j(x) \in F_q[x, y]$。对用户 U_i, $i=1, 2, \cdots, n$ 在首次注册加入多播组时,会获得个人密钥 S_i 和第一次组会话密钥 K_1,其中 $S_i = [i, s_0(i, i), N_1, N_2, h_0(i)]$。

(2) 广播阶段：组管理员获悉下一撤销轮次 $j(j=1, 2, \cdots)$中被撤销用户的信息,发起第 j 轮撤销,然后使用新的会话密钥启动 $j+1$ 次会话。组管理员产生新的会话密钥 K_{j+1},一个新的 m 次二元多项式,$s_{j+1}(x, y) = a_{0,0}^{j+1} + a_{1,0}^{j+1} x + a_{0,1}^{j+1} y + \cdots + a_{m,m}^{j+1} x^m y^m \in F_q[x, y]$,以及新的 m 次多项式 $h_{j+1}(x) \in F_q[x]$。令 R_j 表示第 j 次会话中至多 m 个要撤销用户标识的集合。第 j 轮中的广播信息构造如下：

$$B_j = \{B_j^k\} \bigcup \{B_j^u\} \bigcup \{B_j^r\} \bigcup \{B_j^m\}$$

$$B_j^k = K_{j+1} + s_j(N_1, x), \quad B_j^u = h_{j+1}(x) + s_j(N_2, x)$$

$$B_j^r = \{w, s_j(w, x) : U_w \in R_j\}, \quad B_j^m = \{s_{j+1}(x, x) + h_{j+1}(x)h_{j+1}(x)\}$$

在广播消息 B_j^k 中,新的会话密钥 K_{j+1} 被多项式 $s_j(N_1, x)$ 屏蔽加以保护。在广播消息 B_j^u 中,函数 $h_{j+1}(x)$ 被 $s_j(N_2, x)$ 屏蔽加以保护。在广播消息 B_j^m 中,用户的个人密钥多项式 $s_{j+1}(x, x)$ 被 $h_{j+1}(x)$ 屏蔽保护。

(3) 密钥更新阶段：未撤销用户 U_i, $i \notin R$,从广播消息中提取多项式 $s_j(w, x)$, $U_w \in R_j$,分别计算出在 $x=i$ 对应的 m 个值 $s_j(w, i)$, $U_w \leqslant R_j$,加上用户 U_i, $i \notin R$ 的影子密钥 $s_j(i, i)$,使用这 $m+1$ 个点值,通过函数插值可恢复出 m 次多项式 $s_j(x, i)$,然后分别计算 $x=N_1$ 的函数值 $s_j(N_1, i)$, $x=N_2$ 的函数值 $s_j(N_2, i)$,用于下面的会话密钥与影子密钥的更新。

(a) 会话密钥 K_{j+1} 的恢复：用户 U_i 从广播消息中提取 B_j^k,计算多项式 $K_{j+1} + s_j(N_1, x)$ 在 i 的值,然后减去 $s_j(N_1, i)$ 来恢复新的会话密钥,即 $K_{j+1} + s_j(N_1, x)|_{x=i} - s_j(N_1, i) = K_{j+1}$。

（b）$h_{j+1}(i)$ 的恢复：用户 U_i 从广播消息中提取 B_j^u，计算多项式 $h_{j+1}(x)+s_j(N_2,x)$ 在 i 的值，然后减去 $s_j(N_2,i)$ 来恢复 $h_{j+1}(i)$ 的值，即 $\{h_{j+1}(x)+s_j(N_2,x)\}|_{x=i}-s_j(N_2,i)=h_{j+1}(i)$。

（c）用户新影子密钥 $s_{j+1}(i,i)$ 的恢复：用户 U_i 从广播消息中提取 B_j^m，计算多项式 $s_{j+1}(x,x)+h_{j+1}(x)h_{j+1}(x)$ 在 i 的值，然后减去 $h_{j+1}(i)h_{j+1}(i)$ 来恢复影子密钥 $s_{j+1}(i,i)$，即 $\{s_{j+1}(x,x)+h_{j+1}(x)h_{j+1}(x)\}|_{x=i}-h_{j+1}(i)h_{j+1}(i)=s_{j+1}(i,i)$。

当用户 U_i 完成上述计算，必须更新现有的个人密钥 $S_i=(i,s_j(i,i),N_1,N_2,h_j(i))$，将 $s_j(i,i)$，$h_j(i,i)$ 分别用 $s_{j+1}(i,i)$，$h_{j+1}(i,i)$ 进行替换，至此 U_i 可以使用新的会话密钥 K_{j+1} 进行第 $j+1$ 轮的加密会话通信。

3. m^2-撤销能力的方案

m-撤销能力的方案提供了一个撤销轮次中至多撤销 m 个用户的能力，当要撤销用户超过 m 时，除非组管理员重新复位整个会话，否则撤销方案将无法正常工作。复位整个会话，需要向现有剩余用户分发新的会话密钥，代价十分巨大，会话通信也会被推迟。为解决该问题，可以使 m 的取值足够大，带来的问题增加广播消息的长度以及在组管理员和组成员之间计算开销的增加。另外，如果 m 太大，每个轮次撤销的用户数太少，也会造成不必要的浪费。

为此，我们设计了一个新的撤销方案，将撤销能力由 m 扩展到 m^2，即每个轮次至多可撤销 m^2 个用户，抵御在这个轮次中 m^2 被撤销用户的合谋攻击。

构造算法 2：具有 m^2-撤销能力的多轮撤销方案。

（1）广播阶段。假定当前处于第 j 轮会话，当组成员发生变动时，组管理员准备启动下一阶段第 $j+1$ 轮的会话。组管理员产生新的会话密钥 K_{j+1}，一个新的 $F_q[x,y]$ 中的二元 m 次多项式 $s_{j+1}(x,y)=a_{0,0}^{j+1}+a_{1,0}^{j+1}x+a_{0,1}^{j+1}y+\cdots+a_{m,m}^{j+1}x^my^m$，两个新的 $F_q[x]$ 中的一元 m 次多项式 $h_{j+1}(x)$ 和 $f(x)$。令 R_j 表示在第 j 轮会话后要撤销的 m 个组成员。广播消息构造如下：

$$B_j=\{B_j^k\}\bigcup\{B_j^u\}\bigcup\{B_j^r\}\bigcup\{B_j^m\}$$

$$B_j^k=K_{j+1}+s_j(0,0)$$

$$B_j^u=h_{j+1}(x)+f(x)$$

$$B_j^r=\{\{f(x)r_j(x)+s_j(x,x)\},[w,s_j(w,w)],U_w\in R_j\}$$

$$r_j(x) = \prod_{w|U_w \in R_j} (x-w)$$

$$B_j^m = \{s_{j+1}(x,x) + h_{j+1}(x)h_{j+1}(x)\}$$

在广播消息 B_j^k 中,新的会话密钥 K_{j+1} 被 $s_j(0,0)$ 屏蔽加以保护。在广播消息 B_j^r 中,函数 $s_j(x,x)$ 被 $f(x)r_j(x)$ 屏蔽加以保护。在广播消息 B_j^m 中,用户的个人密钥多项式 $s_{j+1}(x,x)$ 被 $h_{j+1}(x)$ 屏蔽保护。$r_j(x)$ 为第 j 轮 m 个待撤销用户标识为根的 m 次多项式。

(2) 密钥更新阶段。未撤销用户 U_i,$i \notin R$,从广播消息 B_j^r 计算得出多项式 $s_j(x,x)$ 的 m^2 个函数值,加上该用户的个人影子密钥 $s_j(i,i)$,U_i 拥有函数 $s_j(x,x)$ 的 m^2+1 个点的函数值,因此可以通过插值方法恢复 m^2 次多项式 $s_j(x,x)$,并计算出在 $x=0$ 的值 $s_j(0,0)$。

(a) 会话密钥 K_{j+1} 的恢复:用户 U_i 从广播消息中提取 B_j^k,用 $K_{j+1}+s_j(0,0)$ 减去 $s_j(0,0)$,得到 $K_{j+1}+s_j(0,0)-s_j(0,0)=K_{j+1}$。

(b) 函数值 $h_{j+1}(i)$ 的恢复:用户 U_i 从广播消息中提取 B_j^r,计算在 $x=i$ 的函数值,得到 $f(i)r_j(i)+s_j(i,i)$,减去个人影子密钥 $s_j(i,i)$,除以 $r_j(i)$,恢复出 $f(i)$ 的值;用户 U_i 从广播消息中提取 B_j^m,计算 $h_{j+1}(x)+f(x)$ 在 $x=i$ 的函数值,得 $h_{j+1}(i)+f(i)$,减去前一步骤得到的 $f(i)$ 即可获得 $h_{j+1}(i)$,即 $\{h_{j+1}(x)+f(i)\}|_{x=i}-f(i)=h_{j+1}(i)$。

(c) 用户新影子密钥 $s_{j+1}(i,i)$ 的恢复:用户 U_i 从广播消息中提取 B_j^m,计算 $s_{j+1}(x,x)+h_{j+1}(x)h_{j+1}(x)$ 在 $x=i$ 的函数值 $s_{j+1}(i,i)+h_{j+1}(i)h_{j+1}(i)$,减去 $h_{j+1}(i)h_{j+1}(i)$ 即可获得 $s_{j+1}(i,i)$ 的值,即 $\{s_{j+1}(x,x)+h_{j+1}(x)h_{j+1}(x)\}|_{x=i}-h_{j+1}(i)h_{j+1}(i)=s_{j+1}(i,i)$

由于上述两种撤销方案中用户的个人密钥是一致的,因此可以完美地融合在一起形成一个整体方案,在不同构造方案中更新的会话密钥可以无误地用于下一阶段不同的撤销方案。如果当前轮次要撤销的用户数不超过 m,组管理员可使用 m 撤销能力的方案;当要撤销的用户数位于 $[m, m^2]$ 之间时,可采用 m^2 撤销能力的方案进行撤销。

如图 4-4 简要说明整体撤销方案的过程。假定当前轮次为第 j 轮,要被撤销的用户数不超过 m,因此组管理员使用 $(m+1, n)$ 秘密共享机制来分发新的会话密钥,被撤销用户至多能从广播信息 B_j 收集 m 份影子密钥,因此无法获得新的会话密钥,撤销就自动完成了。当第 $j+1$ 轮次,被撤销成员人数增加,大于 m 但不

超过 m^2 时,系统采用 (m^2+1,n) 秘密共享机制来分发新的会话密钥,被撤销用户至多能从广播信息 B_{j+1} 获得 m^2 份影子密钥,而未被撤销的组成员均能获得足够的影子密钥,能够恢复新的会话密钥,并更新个人影子密钥。

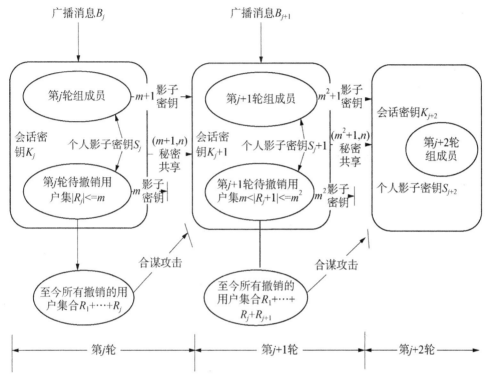

图 4-4 广播加密方案的多轮撤销过程示例

4.3.3 安全性与性能分析

1. 安全性分析

本书使用 Staddon 等[134]定义的 m-撤销能力定义。

定义 如果待撤销用户集合 $R \subseteq \{U_1, U_2, \cdots, U_n\}$,其中 $|R| \leqslant m$,组管理员可以按产生一个广播信息 B_j,使得对其他用户 $U_i \notin R$,U_i 可以恢复出新的会话密钥 K_{j+1}($H(K_{j+1}|B_j,S_i)=0$),但被撤销用户均无法获得新的会话密钥($H(K_{j+1}|B_j,\{S_k\}_{U_k \in R})=H(K_{j+1})$),则称该撤销方案是具有 m-撤销能力的方案。

定理 1　构造算法 1 的撤销方案是无条件安全的多轮撤销方案，每个撤销轮次均具有 m-撤销能力，且能抵御所有迄今轮次中所有撤销用户的合谋攻击。

证明：假定当前轮次为 j，$j = 1, 2, \cdots$，且撤销用户数为 $|R_j| = m$。在当前撤销轮次中，未被撤销用户 U_i，$i \notin R_j$ 均可以通过广播消息中 B_j^r 的多项式 $s_j(r, x)$，$U_r \in R_j$ 计算在 $x = i$ 的值，一共可获得多项式 $s_j(x, i)$ 的 m 个不同点的函数值，加上个人的影子密钥 $s_j(i, i)$，U_i 有 $m + 1$ 个 $s_j(x, i)$ 的对应点的值，由于 $s_j(x, i)$ 是一个一元 m 次多项式，其 $m + 1$ 个系数值可以使用 $m + 1$ 对应点的函数值通过插值算法计算得出。这样，用户 U_i 通过恢复的多项式 $s_j(x, i)$ 计算在 $x = N_1$ 的函数值 $s_j(N_1, i)$，然后从广播消息中恢复出下一阶段的会话密钥 K_{j+1}，即为 $(H(K_{j+1} | B_j, S_i) = 0)$ for U_i，$i \notin R_j$。

对于本轮要撤销的用户集 R_j，即使 R_j 中的用户可以进行合谋攻击，但只能收集到多项式 $s_j(x, i)$ 的 m 个不同点的值，也就无法恢复 m 次多项式 $s_j(x, i)$ 中的 $m + 1$ 个系数。这样，对所有撤销用户 U_w，$w \in R_j$ 均无法获得对应的函值 $s_j(N_1, w)$，也就通过 B_j 和 S_i 无法获得新的会话密钥 K_{j+1}，即 $(H(K_{j+1} | B_j, \{S_w\}_{U_w \in R_j}) = H(K_{j+1}))$。另外，每个撤销用户 U_w，$w \in R_j$ 均无法更新个人的影子密钥，即

$$H(s_{j+1}(w, w) | B_j, \{S_w\}_{U_w \in R_j}) = H(s_{j+1}(w, w))$$
$$H(h_{j+1}(w) | B_j, \{S_w\}_{U_w \in R_j}) = H(h_{j+1}(w))。$$

下一轮次的会话密钥 K_{j+1} 是在第 j 轮中产生的随机密钥，独立于之前轮次中的广播消息 $B_1, B_2, \cdots, B_{j-1}$，而所有之前被撤销用户均不能提供有关新会话密钥 K_{j+1} 和 R_j 中用户个人影子密钥的有用信息，这样，有 $(H(K_{j+1} | B_1, \cdots, B_j, \{S_w\}_{U_w \in R_1 \cup K \cup R_j}) = H(K_{j+1}))$，因此能抵御所有迄今轮次中所有撤销用户的合谋攻击。

证毕。

定理 2　构造算法 2 的撤销方案是无条件安全的多轮撤销方案，每个撤销轮次均具有 m^2-撤销能力，且能抵御所有迄今轮次中所有撤销用户的合谋攻击。

证明：假定当前轮次为 j，$j = 1, 2, \cdots$，且撤销用户数为 $|R_j| = m^2$。在当前撤销轮次中，未被撤销用户 U_i，$i \notin R_j$ 均可以通过广播消息中 B_j^r 获得 m^2 个不同的值 $s_j(w, w)$，$U_w \in R_j$，加上个人的影子密钥 $s_j(i, i)$，U_i 有 $m^2 + 1$ 个多项式 $s_j(x, x)$ 的对应点的值，由于多项式 $s_j(x, x)$ 是一个一元 m^2 次多项式，其 $m^2 + 1$ 个系数值可以使用 $m^2 + 1$ 对应点的函数值通过插值算法计算得出。这样，用户 U_i

可以计算出通过恢复的多项式 $s_j(0, 0)$，然后从广播消息中恢复出下一阶段的会话密钥 K_{j+1}，即为（$H(K_{j+1}|B_j, S_i)=0$）for U_i，$i \notin R_j$。

对于本轮要撤销的用户集 R_j，即使 R_j 中的用户可以进行合谋攻击，但只能收集到多项式 $s_j(x, x)$ 的 m^2 个不同点的值，也就无法恢复 m^2 次多项式 $s_j(x, x)$ 中的 m^2+1 个系数。这样，对所有撤销用户 U_w，$w \in R_j$ 均无法获得对应的函值 $s_j(0, 0)$，也就通过 B_j 和 S_i 无法获得新的会话密钥 K_{j+1}，即（$H(K_{j+1}|B_j, \{S_w\}_{U_w \in R_j})=H(K_{j+1})$）。另外，每个撤销用户 U_w，$w \in R_j$ 如果要获得新的个人影子密钥，必须先获得值 $f(w)$，而 $f(w)$ 由 $B_j^r=\{\{f(x)r_j(x)+s_j(x, x)\}, [w, s_j(w, w)], U_w \in R_j\}$ 确定，其中 $r_j(x)=\prod\limits_{w|U_w \in R_j}(x-w)$，由于对所有的 U_w，$w \in R_j$ 均有 $r_j(w)=0$，因此均无法计算出 $f(w)$，也就无法更新个人的影子密钥，即 $H(s_{j+1}(w, w)|B_j, \{S_w\}_{U_w \in R_j})=H(s_{j+1}(w, w))$，$H(h_{j+1}(w)|B_j, \{S_w\}_{U_w \in R_j})=H(h_{j+1}(w))$。

下一轮次的会话密钥 K_{j+1} 是在第 j 轮中产生的随机密钥，独立于之前轮次中的广播消息 B_1，B_2，$\cdots$，B_{j-1}，而所有之前被撤销用户均不能提供有关新会话密钥 K_{j+1} 和 R_j 中用户个人影子密钥的有用信息，这样，有（$H(K_{j+1}|B_1, \cdots, B_j, \{S_w\}_{U_w \in R_1 \cup K \cup R_j})=H(K_{j+1})$），因此能抵御所有迄今轮次中所有撤销用户的合谋攻击。

证毕。

2. 开销分析

撤销方案的开销评估指标主要有密钥存储开销、广播信息的通信开销和新组密钥的计算开销。这些开销对于构造算法 1 和构造算法 2 会有所不同。

（1）存储开销：每个用户需要存储各自的影子密钥 $S_i=\{i, s(i, i), N_1, N_2, h(i)\}$，其中 i，N_1，N_2 在整个服务期间都不发生改变，实际上 N_1，N_2 可以是公开的，$s(i, i)$，$h(i)$ 将在新的轮次中进行替换，用于这些存储量都是常数级，中间也不再发生变化，因此存储开销是 $O(1)$。组管理员需要存储多项式 $s(x, y)$ 的 m^2+1 个系数，多项式 $h(x)$ 的 $m+1$ 个系数。

（2）每一撤销轮次广播消息的大小：广播消息包括四个部分 B_j^k，B_j^u，B_j^r，B_j^m，其中 B_j^k 和 B_j^u 大小为 $O(m)$；$B_j^m=\{s_{j+1}(x, x)+h_{j+1}(x)h_{j+1}(x)\}$ 是一个有 m^2+1 系数的 m^2 次多项式，因此大小为 $O(m^2)$；B_j^r 在构造算法 1 和构造算法 2 中有不同的大小，在构造算法 1 中，一共有 m 个 m 次多项式 $s_j(i, x)$，因此 B_j^r 的

开销是 $O(t^2)$，而在构造算法 2 中，$B_j^r = \{\{f(x)r_j(x) + s_j(x, x)\}, [w, s_j(w, w)], U_w \in R_j\}$ 的开销是 $O(m^3)$，因此在整体撤销方案中，每个轮次的广播消息的存储开销为 $O(m^3)$。

（3）每个撤销轮次计算开销：在每个撤销轮次，组管理员需要产生新的多项式并构建广播消息，计算两个 m 多项式的乘积 $h_{j+1}(x)h_{j+1}(x)$ 的时间复杂性为 $O(m \log m)$，计算广播消息的时间复杂性为 $O(m^2)$。在密钥更新阶段，对于构造算法 1，每个未被撤销的成员需要进行一次函数插值和两次函数值计算，$t+1$ 点的插值计算在的时间复杂性为 $O(m \log^2 m)$；对于构造算法 2，$m^2 + 1$ 点的插值计算在的时间复杂性为 $O(m^2 \log^2 m)$，而 m 次多项式的求值时间复杂性为 $O(m)$。

3. 性能比较

我们选择三种现有方案（文献[92, 98, 132]）和我们的方案就计算开销、存储开销和通信开销进行了比较。为便于说明，分别将这些方案标识为 SKDC、LKH 和 NP。SKDC 是采用最简单的组管理员与每个成员一个共享密钥的实现方法，使用共享密钥为每个成员分发新的组密钥。LKH 采用基于树的组管理方案。表 4-1 为几种方案的比较结果，比较指标包括广播消息大小、组管理员计算开销、所有成员中的最大计算开销、组管理员和所有成员的存储开销、撤销能力和安全性及复杂性。表中部分数据源自 McGrew[136]。

表 4-1　撤销方案的比较

		SKDC 方案	LKH 方案	NP 方案	我们的方案
增加 m 个成员	广播消息大小 (bits)	$(n+m)K + \log n$	$2s_t K + m \log_d n$	$(2m+1)K$	$(m^3 + m^2 + 2m + 1)K$
	组管理员计算开销	$(n+m)C_E + tC_r$	$C_E(2s_m - m) + C_r s_m$	$mC_{exp} + C_E + C_r$	$(m^2+1)C_r + O(m^2)$
	所有成员中的最大计算开销	C_E	$C_E \log_d n$	$mC_{exp} + C_I$	$C_I + 2C_V$
撤销 m 个成员	广播消息大小 (bits)(bits)	$(n-m)K$	$(2s_m - m)K + m \log_d n$	$(2m+1)K$	$(m^3 + m^2 + 2m + 1)K$
	组管理员计算开销	$(n-m)C_E + C_r$	$(2s_m - t)(C_E + C_r)$	$mC_{exp} + C_E + C_r$	$(m^2+1)C_r + O(m^2)$
	所有成员中的最大计算开销	C_E	$C_E \log_d n$	$mC_{exp} + C_I$	$C_I + 2C_V$

（续表）

		SKDC 方案	LKH 方案	NP 方案	我们的方案
存储密钥数量	服务器端	n	$2n$	$m+1$	m^2+m+2
	成员端	2	$\log_d n$	2	3
撤销能力		多轮撤销 每轮至多 n 个用户	多轮撤销 每轮至多 n 个用户	多轮撤销 每轮至多 m 个用户	多轮撤销 每轮至多 m^2 个用户
安全性		加密算法的安全性抵御所有已撤销用户的合谋攻击	加密算法的安全性，抵御所有已撤销用户的合谋攻击	DDH 安全性抵御至多 m 个用户的合谋攻击	秘密共享的安全性，抵御所有已撤销用户的合谋攻击
复杂性		平坦结构，简单	维护树结构和平衡，困难	平坦结构，简单	平坦结构，简单

n 是组成员数，K 是组密钥。C_E，C_r 分别表示加密函数的计算开销和产生密钥的开销

4.4　安全的分散式多播密钥管理方案

当前大规模动态多播组的密钥管理方案基本上采用集中式管理的方案，常见的集中式密钥管理结构如图 4-5 所示。在该结构中，由单个密钥服务器集中负责多播密钥的管理，然而，这种集中式的密钥管理方案在可靠性、安全性和可用性等方面存在许多的问题。鉴于上述集中式多播密钥管理存在的问题，本书提出一种适合大规模动态多播的分散式多播密钥管理方案，该方案能有效改善集中式管理方案存在的安全性和可靠性问题。

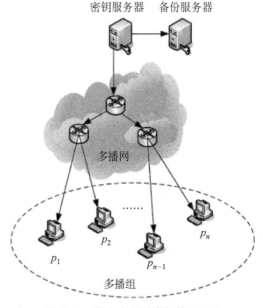

图 4-5　集中式多播密钥管理结构

4.4.1   分散式多播密钥管理结构模型

要解决集中式方案存在的问题,只有改变集中式的管理模式,为此本书提出分散式的多播密钥管理模式,基本思想是将单个密钥服务器扩展为包含多个密钥服务器的服务器组,由密钥服务器组来进行密钥管理,即多播组密钥的产生、分发和更新均由密钥服务器中的多个成员共同参与协作完成。

由多个服务器参与的分散式管理能有效避免单点失效、性能瓶颈问题,还能分散攻击目标,增加攻击难度,但分散管理也必须面临新的安全问题,密钥服务器之间可能是无法相互信任的;单个或多个密钥服务器可能因攻击失效或被攻击方控制,这种失效或失控是否会影响到的系统可用性或组信息的泄露?

为了分散式管理中的安全性,我们提出采用秘密共享的机制来控制密钥信息的产生和分发,基本思想是密钥信息由服务器组成员通过协同产生,并通过门限秘密共享方案进行管理,每个服务器拥有产生密钥的一个影子但却不知道密钥本身,由于部分秘密共享影子的泄露并不会导致共享秘密泄露,这样就有效解决了密钥服务器的失效或失控后信息的泄露问题。

基于以上的构想,杨明等[137]提出的如图4-6所示分散式多播密钥管理结构模型。在服务器组中,每个服务器的地位都是平等,并不相互信任,可通过协商的方式建立一些公共的系统参数。在该多播模型中,假定多播组通信中存在两类实体:组成员 P_1, P_2, …, P_n,和服务器 $Server_1$, $Server_2$, …, $Server_m$,组成员和服务器分别来自多播组 G_m 和服务器组 G_c。这两个组都是动态的,它们的成员都可以动态地加入或离开。服务器之间,存在着点对点的链路,多播组和服务器之间存在有多播通信链路。用户可通过点对点链路向相应服务器注册申请加入该多播组,在连接建立阶段,服务器也通过点对点链路向用户发送私有

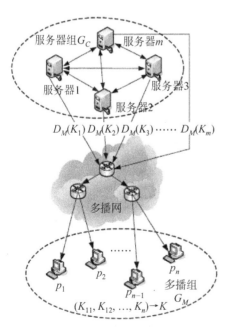

图4-6   分布式多播密钥管理结构

信息。此后,服务器通过多播链路进行密钥分发和密钥更新。

一个组成员可以申请加入或离开多播组。加入或离开的申请必须分发给服务器组中的所有成员。只有至少 r 个服务器同意了组成员的申请,组成员才能得到相应的服务。

在本模型中,并不特意指定组密钥分发方案,可采用现有的可扩缩多播密钥分发方案,用符号 D_M 来表示任意的可扩缩的多播密钥分配方案。

4.4.2　总体方案

安全的分散式多播密钥管理方案的关键是由服务器成员协作产生并分发多播组密钥,但每个服务器成员都无法获悉多播组密钥的内容。

为解决多播密钥的安全产生和分发问题,引入一个服务器组密钥 S 来产生和分发多播组密钥 K。服务器密钥 S 在无可信第三方的条件下,由服务器组通过协同产生,并被服务器组以 (r, m) 门限共享方案共享。每个服务器拥有密钥 S 的一个影子但却不知道密钥 S 本身。为产生和更新多播组密钥 K,每个服务器对其拥有的影子用一定的规则进行处理,生成子密钥。多播组成员通过接收任意不同的 x 个子密钥就能能够恢复出多播组密钥 K。

安全的分散多播密钥管理方案可归纳为

(1) 确定并公开系统参数:系统在开始前需要确定一些共同使用的参数,首先选择两个素数 p 和 q,满足 $p=mq+1$, p 大于 n。分别构建有限域 F_p 和循环群 G_q,假定 g 为 G_q 的生成元。另外,还必须确定门限值 t。

(2) 服务器密钥 S 的产生及其影子的分发:用无可信第三方的秘密共享机制来产生服务器密钥 S,每个密钥服务器成员 Server$_j$, $j=1, 2, \cdots, m$ 使用秘密共享的同态机制获得属于自己的 S 的影子密钥 s_j'。

(3) 多播组密钥 K 的产生和分发:每个密钥服务器成员 Server$_j$, $j=1, 2, \cdots, m$ 将通过公开的参数 g 计算出多播组密钥 K 的影子密钥 $K_j=g^{s_j'}$,并通过合适的可扩缩多播密钥分发方案 D_M 将 $k_j=g^{s_j'}$ 分发给所有的组成员 $P_1, P_2, \cdots, P_n$。在获得足够的影子密钥后,组成员可恢复出组密钥 K。

(4) 组密钥的更新:服务器组和多播组的成员关系是不断变化的,为了保证通信的前向保密和后向保密,在组成员加入、离开后,必须立即对组密钥进行更新。组密钥更新包括服务器加入和离开的处理和多播组成员加入和离开的处理。

4.4.3　服务组密钥的产生和分发

本书用无需可信第三方的秘密共享机制来产生服务器组的密钥。每一个服务器先产生一个子密钥来协同形成服务器组的组密钥,并且用 shamir 的秘密共享机制来将它的子密钥分发给其他的服务器。该方法保证了服务器组组密钥安全保密性。完整的算法描述如下。

(1) 密钥服务器组 G_c 中的 M_i, $i=1, 2, \cdots, m$ 分别产生一个随机密钥 s_i, $i=1, 2, \cdots, m$, 服务器组密钥为 $S=\sum\limits_{i=1}^{m} s_i (\bmod p)$。

(2) 每个服务器 M_i, $i=1, 2, \cdots, m$ 将自己随机密钥 s_i, $i=1, 2, \cdots, m$ 作为共享秘密,通过 (r, m) Shamir 门限秘密共享方案来生成相应的影子密钥。服务器 M_i, $i=1, 2, \cdots, m$ 在 $GF(q)$ 构造一个 $x-1$ 次多项式 $f_i(x)$:

$$f_i(x)=s_i+a_{i,1}x+a_{i,2}x^2+\cdots+a_{i,t-1}x^{t-1} (\bmod p)$$

M_i, $i=1, 2, \cdots, m$, 根据不同的值 $\{x_1, x_2, \cdots, x_m\}$, 分别计算 $s_{i,j}=f_i(x_j)$, $j=1, 2, \cdots, m$,

(3) M_i 将 $s_{i,j}$ 作为子影子分别发送给组成员 M_j, $i, j=1, 2, \cdots, m$。

(4) 每个服务器 M_j, $j=1, 2, \cdots, m$ 获得 m 个子影子 $\{s_{1,j}, s_{2,j}, \cdots, s_{m,j}\}$, 并根据子影子集合计算 S 的影子密钥 $s_j'=\sum\limits_{i=1}^{m} s_{i,j} (\bmod p)$。

根据秘密共享的同态特性[8],若 $(s_1^1, s_2^1, \cdots, s_n^1)$ 是一个 (r, n) 的 k_1 共享, $(s_1^2, s_2^2, \cdots, s_n^2)$ 是另一个 (r, n) 的 k_2 共享,则 $(s_1^1+s_1^2, s_2^1+s_2^2, \cdots, s_n^1+s_n^2)^v$ 是 (t, n) 的 k_1+k_2 共享。则 $s_j'=\sum\limits_{i=1}^{m} s_{i,j} (\bmod p)$ 是 S 的 (r, n) 共享,即 $\{s_1', s_2', \cdots, s_m'\}$ 是多项式 $(4-1)$ 的 m 个影子:

$$f(x)=S+a_1 x+\cdots+a_{t-1}x^{r-1} \tag{4-1}$$

由于服务器组相互间是不信任的,在分发过程中,可能有服务器发送不完整或不正确的子影子给其他的服务器。如果不能阻止这种现象的发生,接下来的操作将会失败。为了克服这种主动攻击,本方案采用 Feldman 的可验证的秘密共享(verifiable secret sharing, VSS)机制[162],将步骤(3)改为:

(5) M_i 用 Feldman 的 VSS 方案来将 $s_{i,j}$ 发送给 M_j 当 $i, j=1, 2, \cdots, m$。

每一个服务器用 Feldman 的 VSS 方案来验证所接收到的影子。如果验证正确,就接受影子,否则拒绝影子,并将拒绝报告进行广播。

4.4.4　产生和分发多播组密钥

所有的服务器用它们拥有的 S 的影子来产生多播组密钥 K。当前的多播组密钥为 $K=g^S$。密钥产生和分发的过程如下。

(1) 服务器结点 M_i,$i=1,2,\cdots,m$ 将通过公开的参数 g 计算出 $g^{s_i'}$。

(2) 服务器结点 M_i,$i=1,2,\cdots,m$ 将 $g^{s_i'}$ 分发给组成员 $P_1,P_2,\cdots,P_n$。

(3) 多播组成员 P_i 从服务器 M_i,$i=1,2,\cdots,m$ 接收到至少 t 个拷贝的影子 $g^{s_1'}$,$g^{s_2'}$,$\cdots$,$g^{s_t'}$ 后,它能用以下的方法恢复出多播组密钥 $K=g^S$:

$$K=g^S=g^{f(0)}=\prod_{j=1}^{r}(g^{s_j'})^{b_j}, \qquad (4-2)$$

其中 $b_j=\prod_{\substack{1\le i\le r\\ i\ne j}}\dfrac{x_i}{x_i-x_j}$。

证明公式(4-2)如下:

从 4.2 可知,$s_i'=f(x_i)$,组密钥影子 $k_i=g^{s_i'}=g^{f(x_i)}$,定义 $F(x)=g^{f(x)}$,则 $K=F(0)$。所以我们可能得出公式(4-3):

$$F(x)=g^{f(x)}=g^S(g^{a_1})^x(g^{a_1})^{x^{r-1}}=g_0g_1^xg_{r-1}^{x^{r-1}} \qquad (4-3)$$

用户根据公式(4-3)和收到的影子集 $\{(x_1,g^{s_1'}),(x_2,g^{s_2'}),\cdots,(x_r,g^{s_r'})\}$,构建方程组(4-4)

$$\begin{cases} k_1=g_0g_1^{x_1}g_{r-1}^{x_1^{r-1}}\\[4pt] k_2=g_0g_1^{x_2}g_{t-1}^{x_2^{r-1}}\\[4pt] k_r=g_0g_1^{x_r}g_{r-1}^{x_r^{r-1}} \end{cases} \qquad (4-4)$$

可知方程组(4-4)对于变量 g_i 在 Galois 域内是有唯一解 $GF(p)$。

4.4.5　组密钥更新

服务器组和多播组的成员关系是不断变化的,为了保证通信的前向保密和后向保密,在组成员加入、离开后,必须立即对组密钥进行更新。需要考虑两个问题:服务器的加入和离开;多播组成员的加入和离开。

1. 服务器的加入和离开

当有服务器加入和离开时,由于新加入的服务器没有服务器组密钥 S 的影子,而离开的服务器可能泄漏它所拥有密钥 S 的影子,(r, m) 的门限结构必须进行改变。本方案用 3.1 所描述的方法来重新产生和分发服务器组的密钥。

由于服务器组规模小,加入、离开事件发生的频率低,故处理的开销并不高,处理过程将很快地结束。

2. 多播组成员的加入和离开

用户可在会话过程中加入或离开多播组。为了保证组通信的前向和后向保密,当组成员改变时,组密钥 K 必须进行更新。在集中式的方案中,由密钥服务器来负责组密钥的更新。然而,在本方案中,这项工作由服务器组来完成。

由于当前的多播组密钥为 $K = g^S$,而没有服务器知道密钥 S,所以我们必须重用 S 来产生新的组密钥 K,这样做就能大大降低服务器的计算和通信开销。在密钥更新阶段,服务器组先协商出一个新的生成元 g',然后 M_i,$i = 1, 2, \cdots, m$ 计算出新的多播组密钥 K' 影子:$(g')^{s_i}$,$i = 1, 2, \cdots, m$。上述过程完成后,M_i,$i = 1, 2, \cdots, m$ 用任意的集中式密钥更新协议将 $(g')^{s_i}$,$i = 1, 2, \cdots, m$ 发送给多播组成员。

为了降低协商的开销,可以用一个单向函数 $h(\cdot)$ 来从 g 中生成 g',故有 $g' = h(g)$。单向函数 $h(\cdot)$ 由所有的服务器在建立阶段协商产生,可以公开,无须保密。

4.4.6 安全性分析

分布式的方案相比于一般的集中式方案具有更好的安全性,可靠性和密钥信息的可用性。

在本方案中,服务器组密钥 $S = \sum\limits_{i=1}^{m} s_i (\bmod p)$ 由所有的服务器协同产生。一个服务器 M_i 就算知道 s_i,也无法获知密钥 S 的任何信息,何况服务器 M_i 得到的

仅是 S 的一个影子 s_i'，也就更得不到密钥 S 的任何信息。Shamir 秘密共享机制是一种完美的秘密共享机制，可以提供无条件的安全。此外，(r, m) 门限机制可安全地抵抗住少于 r 个服务器的合谋攻击。

对于当前的组播密钥 $K = g^S$，服务器 M_i 不能从 g，s_i，s_i' 中得出 $K = g^S$，所以其也不知道当前的多播密钥 K。

当一个用户加入多播组时，它可以得到 K 的 r 个影子。假设这些影子是 $\{(x_1, g^{s_1}), (x_2, g^{s_2}), \cdots, (x_r, g^{s_r})\}$。但是由于离散对数的困难性，新的用户无法根据集合 $\{g^{s_1}, g^{s_2}, \cdots, g^{s_r}\}$ 得出 $\{s_1', s_2', \cdots, s_m'\}$。它也不能在不知道 $\{s_1', s_2', \cdots, s_m'\}$ 的情况下恢复 S 并得到旧的多播组密钥。这保证了后向保密。

当一个用户离开多播组时，它无法得到新的密钥 $K = (g')^S$ 的影子。由于它得不到 S，它也无法获知新的多播组密钥。这保证了前向保密。

为此，本书提出的方案除了满足多播密钥管理的需求（如前向保密），后向保密及抗合谋攻击，还有以下几个显著的优点。

（1）可靠性：系统中不多于 r 个服务管理结点出现故障、失效甚至停机不会对密钥管理服务产生任何影响，也不会影响影响任何多播组用户，有效解决了单点失效问题。

（2）安全性：多播组密钥和服务器组密钥均由所有服务器结点共同产生，没有一个密钥服务器结点知道多播组密钥和服务器组密钥；且只要（泄露或）合谋的服务器结点数小于 r，则多播组密钥、服务器组密钥依然是安全的。

（3）可用性：有效减弱因拥塞或主动攻击导致的瓶颈问题，只要仍有 r 个服务器结点正常，系统的服务质量就不会受到影响。对于因主动攻击导致的 byzantine 故障，只要故障结点的数量没有超过预定的门限，系统仍能提供正常的服务。

4.4.7　小结

本节介绍了一种安全的分散式多播密钥管理方案，该方案针对集中式密钥服务器端存在的安全强度低的问题，将单一密钥服务器扩展成包含多个服务器的服务器组，采用分散式管理结构和门限控制机制，由密钥服务器成员相互协作完成多播密钥的产生、分发和更新。为了保证系统的安全性，方案引入相关安全机制，确保单个服务器并不知道相关组密钥的信息，此外，即使入侵者获得了 $r-1$ 个服务器的密钥信息，这些组密钥仍能够保持保密性。此外，该分散式结构能够与其他的集中式多播密钥分发方案很好地结合在一起,可使用合适的多播密钥分发方案进行单个密钥服务器影子密钥的分发。此外,分散式管理结构和门限控制机制可有效避免单点失效和性能瓶颈问题,还可提高了密钥服务器的可靠性和抗毁性能。

4.5　具有容侵能力的多播密钥管理方案

目前多播应用系统大多采用集中式方案对组密钥进行管理,即存在一个称为根的结点负责全组的密钥生成、分发和更新。使用这种方式有利于多播的管理、身份的认证。但是对根结点的过分依赖容易造成单点失效问题。为此,必须采用某些方法来增强集中式组密钥管理方案的安全性能。

集中式方案中典型的代表协议是 LKH,由于每一个成员加入或退出群组时,需要对全局组密钥进行更新,因此存在“1 affect n”问题。而在分布式方案中,不存在特定的组控制器,密钥管理全部由组成员来分担,各个组成员之间通过密钥协商的方法产生相互安全通信所需的组密钥。这种方案更适合对等群组。分布式模型的优点是密钥管理的非集中化,它具有良好的可扩展性,降低了组安全控制器密钥管理服务的负载和“1 affect n”问题,但是因为采用子组控制器,需要多次解密和重新加密通信数据,增加了延迟和计算开销。

在集中式的系统中,只有一个实体即组控制器(group controller,GC)对整个群组的密钥进行管理。这个中心控制者在进行访问控制和密钥分配时并不依赖于任何辅助实体。然而,由于只有一个管理实体,这种系统很容易出现单点失效问题。当 GC 发生故障时,整个群组都会受到影响。在这种系统中,群组的保密性完全依赖于单个群组控制者的正常工作,当 GC 不能正常工作时,即组密钥不能被正确的产生、更新和分配时,整个多播会变得容易遭受攻击,而且,一个控制者很难管理大型多播组,这会导致可扩展性问题,存在拥塞的危险,所以有必要考虑集中式多播密钥管理安全增强方法。为此,将入侵容忍的概念引入多播密钥管理系统,来增强密钥服务器的安全性和可用性。

4.5.1　入侵容忍系统及相关技术

容侵系统是指网络系统在遭受一定的入侵或攻击的情况下,仍能够提供所希望的服务。容侵系统提供了第三代的安全保密机制[138-139]。入侵容忍的主要研究内容有三点：第一是研究专注于对服务产生威胁的事件的入侵触发器，第二是充分利用容错理论研究中的优秀成果，第三是利用研究所得的容侵理论和技术构建一个新的网络安全信息系统。在某种程度上可以不理会入侵的发生，也能够保持所希望的服务级别。在这种系统中构造了多层容侵措施。第一层要实时的监视和检查，但是这一检查不可能达到100%的覆盖，总有一些攻击被漏检；第二层能对漏检的攻击继续检测，并能阻止危害的传播，保证传播危害不扩散并且能收敛。资源能重新分配，系统至少能够提供降级服务；最后一层从根本上要有一个新的体系结构，这种构架能得以应用，提供时间和空间的数据冗余以及资源的重构来提供一定的质量服务。

如图 4-7 所示，它形象地说明了保护、检测、容侵三者之间的关系。所谓容侵，就是入侵容忍（intrusion tolerance），也就是当一个网络系统遭受入侵，一些安全技术都失败或者不能完全排除入侵所造成的影响时，容侵就可以作为系统的最后一道防线，即使系统的某些组件遭受攻击者的破坏，但整个系统仍能提供全部或者提供降级的服务。

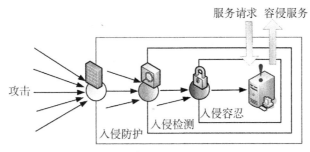

图 4-7　三级防护示意

为了增强系统的安全性能，必须采取一定的技术手段来使系统具备容侵的能力。目前容侵机制的基本技术冗余机制、多样性和门限密码等。

1. 冗余机制

冗余就是将相同的功能设计在两个或两个以上组件中，如果一个组件有问题，另外一个组件就会自动承担起故障组件的任务，以保证系统继续运行。在网络环境下，信息传递过程中的信息丢失或信息受损的现象几乎是不可避免的，因此，必要的冗余为我们提供了一种尽可能地容错运行模式。系统在运行过程中，若某个子系统或部件发生故障，都将能够自动诊断出故障所在的位置和故障的性质，自动启动冗余或备份的子系统或部件,自动保存或恢复文件和数据,保证系统能够继续正常运行。采用容错技术的目的,就是为了提高系统的安全可靠性,实现系统的无断点运行,保证系统中的数据及文件的完整性,为用户提供完全实时和连续的高可用性计算机网络系统,图4-8为加密复制冗余方案的示意图。

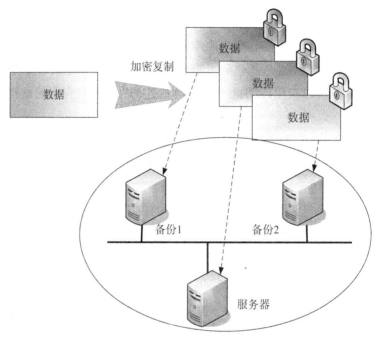

图4-8   加密复制冗余示意

冗余本身是软硬件错误容忍和分布式系统中的技术。冗余是增强系统可用性的一种技术,通过冗余可以确保系统的安全特性,即使所使用的一些方法被攻破,所保障的特性仍然有效,因此冗余技术可以改善服务的性能,增强其可用性。

在冗余理论中,冗余度是一个比较重要的概念。它是系统内冗余大小程度的量度,用备用冗余组件与工作组件数目之比来表示。系统的冗余度大小对其稳定性和可靠性有着重要影响。冗余过小,将难以长期保持在相对稳定状态;冗余过大,对增加系统的稳定性固然有好处,但往往造成浪费,加重系统的负担。因此,冗余度的大小要根据系统的安全稳定性的具体需求来决定。

2. 多样性

冗余是容错的一个有效方法,一般是指分配给系统的、超出正常工作条件下所需要的额外资源,当某个子系统或部件发生故障时,系统能自动启动冗余以保证系统继续运行。入侵容忍也离不开冗余,但是仅通过冗余是不可能解决问题的。因为如果冗余的组件之间具有同样的脆弱性,攻击者找到一种技术就能破坏所有冗余的组件。为了避免这样的事情发生,与冗余技术相伴出现的另一种容侵技术就是多样性技术。

要使系统各冗余组件具有多样性,必须确保他们在某些方面存在一定的区别。采用不同的软硬件设计和实现方法,防止系统中不同组件存在相同的漏洞。通常情况下,我们从以下三个方面来实现系统的多样性。

(1)底层硬件的多样性:系统的底层采用不同的硬件,同种硬件采用不同的型号等。

(2)操作系统的多样性:在硬件平台上安装不同的操作系统,实现操作平台的多样性,如 Linux、Unix、Windows、OS/2 等。

(3)实现软件的多样性:这主要通过软件的不同设计来实现。不同的软件设计者,针对同样一种需求,其设计思路、方案等将有所不同。这样就可以利用设计的多样性有效地防止设计中的错误、漏洞等,从而增加系统的容错容侵能力。

冗余性和多样性减少了错误关联的危险,但是增加了系统的复杂性。为了得到冗余性,必须提供多套设备或软件,为了得到更高水平的多样性,必须使用多个不同执行方式的服务。因此这种冗余性和多样性的代价很昂贵,在使用时必须评估系统的每一部分适合什么程度的冗余和多样,在性能和代价以及预防和容忍之间进行权衡。

3. 门限方案

门限方案实质上是一种秘密共享机制。该方法的基本思想是把数据 D 分成 n 份,使用其中的 k 份可以重新还原出数据 D;如果得到的分数少于 k,就不能还原出原始信息。

门限方案在容忍入侵系统中的使用,主要是通过两种方式。第一,是它本身的方式,数据共享份额被分布式的存储在不同的物理位置,即使某些共享被攻击而且已经威胁到系统安全,数据的机密性仍可以保持并且可以重构原始的数据,这样就可以实现容忍入侵。实际上门限方案本身也是一种冗余技术。第二,利用一个密钥加密数据,再将这个密钥使用门限方案分成 n 份。这种方法实际上并没有给原始数据提供任何冗余,然而,为了对信息进行访问,必须要把加密密钥的 k 份重构来得到原始的密钥,这实质上提供了信息的"联合控制和监管"。

门限方案的一个主要限制是选择 n 和 k，在性能、可用性、机密性和存储需求之间有一个折中。如果 n 的值比较大，可以确保可用性，但是会使性能降低并且存储要求高。k 的值较低，可以得到较高的性能，可是这会使机密性降低。如果 n 和 k 被适当的选取而且通过传统的方法严格保护的话，门限方案就很难被攻击。

门限方案在现实生活中的应用越来越多，如开保险箱、签署合同等。门限系统允许进行以组为单位的各种密码操作如加密、解密、鉴别、签名等，将门限秘密共享机制与传统的密码体制结合形成面向组的门限密码系统，包括门限加密、门限解密、门限鉴别和门限签名等操作，其中以门限解密和门限签名更为常用。

门限解密指发方产生的密文需要由一组成员共同参与才能进行解密。其基本方法是将解密密钥作为组共享秘密，通过 (k, n) 门限秘密共享方案将解密密钥分解为 n 影子，为每个组成员分发一个不同的影子，任意 k 个组成员共同协作即可恢复共享秘密，得到解密密钥从而完成密文的解密。通过门限秘密共享方案和公开密钥系统可以构建不泄露会话密钥的组解密方案。

门限签名是指由签名产生或签名验证须由一组成员共同参与来完成，对应的验证或签名可由单个个体完成。签名算法分为组签名和组验证两类。在组签名机制中，签名的私有密钥作为共享秘密，签名算法通常采用已有的签名算法（如RSA、DSS 等）。签名的过程分为交互的和非交互的。组签名机制中签名的产生必须是所有授权成员共同参与的，所有参与签名的成员均不能否认其签名；未授权的成员将无法伪造组签名或授权成员签名；此外，签名不会泄露组和成员签名的任何秘密信息。

门限方案有助于确保系统的机密性和可用性，通过门限机制的应用上述各种系统均可以达到一定的容侵效果。

4.5.2　具有容侵能力的多播密钥系统结构

1. 系统设计构想

现有的多播密钥管理方案多为集中式的管理结构，作为中心控制点的密钥服务器存放所有的密钥材料和控制信息，其安全性对系统的正常运转起着至关重要的作用。显然，这种集中式控制结构面临单点失效和拥塞的危险。所有的多播组密钥信息、组成员信息、密钥更新机制以及密钥打包方式等关系整个多播组安全存亡的保密信息都存储在 GC 中，如果作为服务器的 GC 出现问题，那么整个多播组的安全性和可用性将受到威胁。针对这一问题,本章提出了具有容侵能力的多播密钥管理方案,采用了第3章提到的多样性、门限秘密共享等技术来提高密钥管理服务器的安全性和可用性。总的设计思想是将单一的密钥服务器分布化,如图4-9所示。

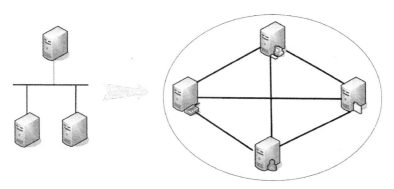

图 4-9　集中分布化示意

图 4-10 为集中式组密钥管理方案改进示意图,整个组密钥管理结构分为两层,即管理层和用户层。管理层由多个服务器组成,他们之间通过多播信道相连。多播组的管理由管理层的各节点通过合作协商来完成,包括对用户层成员的鉴别、访问控制、组密钥的产生、分发、更新等等。

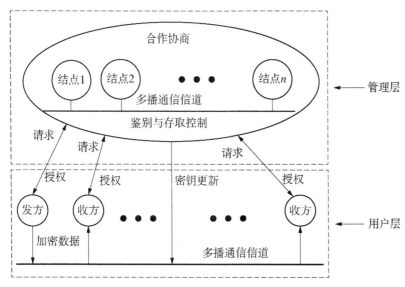

图 4-10　集中式组密钥管理方案改进示意

2. 信息分割算法

在秘密共享机制中,影子的大小至少为$|S|$,S为所要共享的秘密。当S为某个密钥或较小的信息时,影子的存储、分发以及传输等开销都比较小,应用起来效率也就比较高。但是近年来,随着分布式技术的不断发展,秘密共享系统也在不断地分布化。在分布式应用场合共享的秘密往往比较大,这样通过秘密共享机制产生的影子也就比较大。因此,系统中各分布式节点的存储开销、影子的传输时延都会加大,这样重新恢复共享秘密所需的时间也加大了,这就使系统的运行效率降低了。特别是影子在网络中的传输时间的延长将导致其被窃取的概率增加,从而降低了系统的安全性。为了压缩存储空间、降低传输时延,我们引入了信息分割算法(information dispersal algorithm,IDA),与门限秘密共享技术相结合的方案。

信息分割算法最早是由Rabin[140]提出来的,主要思想是将一份保密文件f通过某种方法分成n份,称之为n个影子,其中的任意r份组合起来就可以回复出完整的f。由此可见信息分割算法中同样隐含着门限的思想,但是与Shamir的门限秘密共享不同的是,由信息分割算法得出的每份影子的大小仅有$\frac{|f|}{r}$,有效地降低了存储空间,同时也便于传输。当然,在Rabin的方案中必须确保所有的参与者都是诚实可靠的,否则叛逆者将会泄露f的部分信息,因此Rabin的方案不具备防止内部参与者同谋破坏的能力。

与Shamir的门限秘密共享方案相似,方案中采用了多项式来实现多播管理信息的分割存储[141]。用f代表需要安全存储的信息,其分割与恢复的过程如下。

(1) 信息分割阶段。将f平均分为r份,每一份的大小为$\frac{|f|}{r}$,不足的末尾补零,有$f=f_0+f_1+\cdots+f_{r-1}$。其中$f_i(0 \leqslant i \leqslant r)$为有限域$GF(p)$($p$为足够大的素数)上的一个元素,以$f_0$,$f_1$,$\cdots$,$f_r$为系数构造一元$r-1$次多项式为

$$g(x)=f_0+f_1 x+f_2 x^2+\cdots+f_{r-1}x^{r-1}$$

随机选取n个值x_0,x_1,$\cdots$,x_{n-1}带入多项式计算得到n个影子$g(x_0)$,$g(x_1)$,$\cdots$,$g(x_{r-1})$。

(2) 信息恢复阶段。收集任意r个影子$g(x_{i0})$,$g(x_{i1})$,$\cdots$,$g(x_{i(r-1)})$,得到r个多项式:

$$g(x_{i0})=f_0+f_1 x_{i0}+\cdots+f_{r-1}x_{i0}^{r-1}$$

$$g(x_{i1}) = f_0 + f_1 x_{i1} + \cdots + f_{r-1} x_{i1}^{r-1}$$
$$\vdots$$
$$g(x_{i(r-1)}) = f_0 + f_1 x_{i(r-1)} + \cdots + f_{r-1} x_{i(r-1)}^{r-1}$$

通过计算可以得出多项式 $g(x)$ 的 r 个系数 f_0，f_1，…，f_{r-1}，将它们重组起来便得到原始秘密信息 f。

3. 系统的整体结构

为了使集中式密钥管理服务器具备入侵容忍的能力，本章利用秘密共享工具以及信息分解算法来实现对密钥服务器的安全增强。如图 4－11 所示，借助于 (r, n) 门限秘密共享方案和信息分割算法，将原先存储在单一服务器上的秘密信息 S 分割成多份影子 $S_i (1 \leqslant i \leqslant n)$，再将影子 $S_i (1 \leqslant i \leqslant n)$ 分别存储到分布式的服务器 $\text{Server}_i (1 \leqslant i \leqslant n)$ 上，这样至少需要 r 个服务器相互协作才能将 S 恢复，有效的容忍至多 $n-r$ 个服务器结点出错，并且能够防止了少数结点的共谋破坏，从而达到容错容侵的效果。

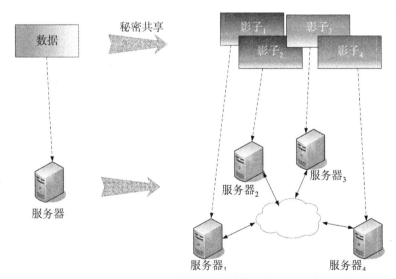

图 4－11　系统容侵结构示意

此外，由于系统是由多个节点协作来完成鉴别与授权服务，这种安全结构使用门限密码机制能确保部分节点泄露或失效不会危及整个鉴别和授权服务有效性和可信度。在这样的多播密钥管理系统中，假定某些攻击突破现有的安全防护，对鉴别和授权系统进行相应的主动或被动攻击，导致某些节点泄露或失去控制，只要这样的节点没有到达预定门限,系统仍能提供可信的鉴别和授权服务。泄露节点中的信息不会导致密钥信息泄露。

4.5.3 密钥管理信息的处理过程

相关符号的说明如下:

S	多播密钥管理信息	N	服务器组的成员个数
K	加解密密钥	P	服务器节点的集合
E	加密后的信息	P_i	服务器组内的节点 i, $1 \leqslant i \leqslant N$
ENC()	加密函数	r	系统的门限值
DEC()	解密函数	s	表示选举的轮数
$\text{ENC}_K(S)$	使用密钥 K 对秘密信息 S 进行加密	Status(i)	节点 P_i 的状态
$\text{DEC}_K(E)$	使用密钥 K 对秘密信息 E 进行解密	Leader	通过选举产生的服务器组领导者
Leader(s)	第 s 轮选举产生的第 s 届 Leader	Current_Leader	当前的 Leader
Hello_Timer$_i$	各服务器节点心跳定时器	ER_Timer$_i$	节点 P_i 的选举请求定时器

分割存储过程如下:

(1) 分发阶段。随机生成加密密钥 K,利用加密函数 ENC 对 S 进行加密得到 E,$E = \text{ENC}_K(S)$;利用信息分解算法将 E 分成 n 份,E_1, E_2, $\cdots$, E_n;利用秘密共享方案由 K 生成 n 个密钥影子,K_1, K_2, $\cdots$, K_n;通过秘密信道分别将(E_i, K_i)($i=1$, 2, $\cdots$, n)二元组发送给参与者 P_i,作为 P_i 所持有的秘密影子 S_i。

(2) 恢复阶段。收集 r 个参与者 P_{ij}($j=1$, 2, $\cdots$, r)的影子 S_{ij},$S_{ij} = (E_{ij}, K_{ij})$;利用信息分解的恢复算法将 E 恢复;利用秘密共享恢复方案将密钥 K 恢复;利用密钥 K 和解密函数 DEC 对 E 得到 S,$S = \text{DEC}_K(E)$。

这样,由信息论的知识可以得出,每个用户所需持有的影子大小仅 $\dfrac{|S|}{r} + |K|$,既节省了存储空间又便于传输。

由于门限方案将保密信息分解成许多影子,并且只有达到门限数量的影子才可以恢复保密信息,我们可以根据需要来改变门限值的大小。门限值小,恢复保密信息所需的影子数目就少;门限值大,恢复时所需的影子数目就多,这样就给系统带来了很大的灵活性。当然,对 r 的选择要从可用性和安全性两方面折中考虑。

4.5.4　服务器层的管理协议

采用分布式的服务器组代替单个服务器能够增强系统的安全性,但是也给系统的管理带来了一定的不便。为了使这些分布式的服务器之间能够更好地相互协作,必须对他们进行行之有效的管理。在本章的方案中,采用了 Leader 选举的机制来实现多服务器的管理[142-143]。

如何安全高效地对密钥服务器组进行管理,是整个系统最为关键的问题之一。在该方案中,组内的各密钥服务器通过选举产生一个 Leader,该 Leader 在自己的任期内负责实施密钥管理信息的分解、恢复与更新以及服务器成员的增减等,其余各 Follower 结点协助 Leader 共同管理。

假定组内的各服务器结点之间通过可靠多播信道相连接,并且各服务器均拥有一个有效的检测模块,可以检测出系统出现的绝大多数错误和异常。

1. 组 Leader 的选举机制

假定服务器组共有 N 个组成员,只有选出一个 Leader 之后整个系统才能进入正常运行状态。而且必须确保在同一时刻有且只有一个 Leader,当这个 Leader 出现故障后,必须选出下一任 Leader 来继任。

Leader 选举的两个基本策略:

(1) 当出现问题时,系统暂停正常运行,花费一段时间进行恢复。在系统的重配置阶段,可以对各组件进行检查。

(2) 使用相关的软件,确保系统出现故障时仍然能够正常运行或者能够降级运行,在运行的同时进行漏洞和故障的恢复。

根据各服务器节点在系统中所起的作用不同,将其分为 Leader 和 Follower,并且在同一时刻只能有一个节点为 Leader。担任 Leader 的节点和 Follower 节点之间地位是平等的,每个节点都可以申请成为 Leader。而在系统正常运行阶段,Follower 也可以对 Leader 实施监督,如果 Leader 出现问题,各 Follower 节点可以联合起来对 Leader 进行罢免,推选另外的某个 Follower 作为新的 Leader,接替原先 Leader 的工作。

如图 4-12 所示系统状态分为初始状态、选举状态和运行状态。在初始状态下,组内各结点均为 Follower,等待进入选举状态。每个节点 P_i 各自维护自己的选举定时器 ER_Timer$_i$,一旦 ER_Timer$_i$ 器超时,便多播一个选举请求报文 ElectionRequest_Msg(i, s),表示节点 P_i 申请成为第 s 届 Leader,此时系统将进入选举状态。组内其余结点收到选举请求之后,对申请结点 P_i 进行审查,判断该节点是否运行正常,近期是否有错误或异常发生等,然后再决定是投肯定票还是否定票。选票通过多播形式发送给每一个节点,节点各自对选票进行统计。当某节点收到超过门限 t 的肯定票之后,便向其余节点宣告该申请节点成功当选本届 Leader。如果大多数节点均宣告 Leader 选举成功,系统将进入正常运行状态。此时系统有且只有一个节点为 Leader,其余节点均为 Follower。直至出现异常或本届 Leader 任期结束需进行换届选举时,系统再次回到初始状态。如果该轮 Leader 选举失败,则系统恢复初始状态等待新一轮的选举。

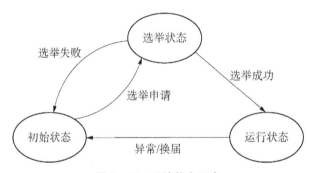

图 4-12   系统状态示意

当然,由于每个节点的选举定时器是在某个范围之内的随机值,因此可能会出现如下的两种情况:第一种情况是某一个节点 P_i 的选举请求定时器 ER_Timer$_i$ 超时,发出选举请求消息 ElectionRequest_Msg,在 ElectionRequest_Msg 到达其余节点之前没有第二个节点 $P_j(j \neq i)$ 的 ER_Timer$_j$ 超时。第二种情况:几个节点的 ER_Timer 先后超时,并且由于传输时延他们没有收到其余节点的选举请求消息,因此,这几个节点会先后向组内其余节点发送各自的选举请求消息。

对于第一种情况来说,处理起来比较简单,按照正常的选举流程进行。而第二种情况处理起来就显得复杂得多。为了解决在这种情况下出现的问题,我们采取了如下的三种策略:

(1) 预选机制。在系统正常运行时,选出一个继任 Leader,在当前 Leader 出现问题时,由继任 Leader 补上,成为新一任的正式 Leader。当然,在继任 Leader 成为正式 Leader 之前,必须确保其安全性和可用性,否则将取消其继任 Leader 的资格。

(2)综合评估机制。对服务器组中的每个成员进行综合评估,评估的各项标准为计算性能 C(calculation):CPU 的数量、频率等。存储性能 S_1(storage):硬盘的型号、容量以及转速等。稳定性能 S_2(stability):出错的次数、频率,无差错运行时间等。安全性能 S_3(security):受攻击的次数、频率等。

我们将这个性能评估标准简称为 CS3,令综合性能评估函数为 P(performance):

$$P(C, S_1, S_2, S_3) = \alpha C + \beta S_1 + \varepsilon S_2 + \delta S_3 + \varphi O$$

其中 α,β,ε,δ 以及 φ 为加权因子,为了便于扩充我们增加了 O(other)这一项,表示其他的一些附加参数,以便进行扩充。在这些指标中,安全性和稳定性尤为重要,在评分的过程中所占的比重也相对比较大,即 ε 和 δ 的权重比较高。

由于评估的标准是相同的,每个服务器对同一服务器节点所进行的综合评估数据应该是相同的,所以各服务器节点保存和维护的继任 Leader 对列也应该是相同的。继任 Leader 对列在生成之后不是一层不变的,因为在系统运行阶段,各服务器可能会出现这样或那样的问题和故障,也有可能会受到意想不到的攻击,所以每个服务器的综合性能评估数据也会不断地变动。为了让性能最优、安全可靠性最强的服务器成为当前的 Leader,必须对继任 Leader 对列进行动态更新。

(3)继任 Leader 对列。在系统初始化阶段,每个服务器各自产生并维护一个继任 Leader 对列。根据各节点的综合评分依次放入队列。

如图 4-13 所示,现任 LeaderP_8 出现故障,其 Leader 资格被废除,处在继任队列之首的 P_3 立即补上(见图 4-14),成为正式 Leader。而 P_8 经过再配置,重新进行综合指标评估,插入继任对列。

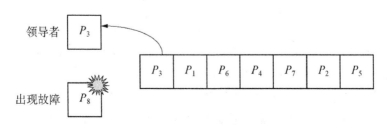

图 4-13 预选队列示意

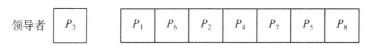

图 4-14 P_8 恢复之后插入继任对列

设 N 表示组内节点的总数，P 表示节点的集合，T_{term} 表示每届 Leader 的任期长度，Timer_i 表示节点 P_i 的选举定时器。$\text{Leader}(s)$ 表示第 s 届的 Leader。t 为系统门限值，有关系统的任何操作（如 Leader 的选举、更换、罢免等等），必须有至少 t 个节点同意才能执行。在选举过程中，节点 P_i 的操作如下：

```
for node Pᵢ:
procedure StartRound ( s )            //开始第 s 轮的选举
ER_Timerᵢ.start;      //开始计时
Current_round = s;
Leader(s) = NULL;
Pᵢ.roll = Follower;          //Pᵢ的角色为 Follower
//选举定时器超时，且没有收到别的节点的选举请求
if   ER_Timerᵢ.out and Pᵢ hasn't received any ElectionRequest_Msg(j,s)
then
    multicast ElectionRequest_Msg(i,s);        //发出选举请求消息
    //收到至少 t 个肯定应答
if received at least  t  ACK for ElectionRequest_Msg(i,s)   then
    Leader(s)=Pᵢ;
    Pᵢ.roll=Leader;        //Pᵢ的角色转变为 Leader
    ER_Timerᵢ.restart;        //重新开始计时

upon receive ElectionRequest_Msg(j,s) do
    make decision ;//对收到的选举请求进行处理
    multicast  Decision(ElectionRequest_Msg(j,s),ACK or NACK);
```

2. 服务器组成员的管理机制

（1）服务器节点的删除。服务器组内的任意节点一旦发现某个节点出现可疑症状，便多播一条消息通知其余节点。当其他节点收到消息之后，对可疑节点进行诊断，随后将诊断结果发送给 Leader，如果 Leader 收到达到门限数量的肯定应答，就利用组密钥更新机制对可疑节点实施删除，过程如上所示。

（2）服务器节点的增加。在故障节点得到处理恢复之后，可以申请重新加入服务器组。申请节点首先广播一个加入请求消息，组内的成员收到消息之后对该

节点进行审查,并将审查结果发送给 Leader。Leader 对所有组员的结果进行统计,只有当达到门限数的节点同意时,Leader 才执行该节点的加入操作。

```
for Leader:      //增加服务器节点
procedure addMember(P_k)
 if  receive at least t ACKs for P_k's join request  then    //至少 t 个节点同意 P_k 加入
         leader unicast encrypted group key to P_k;    //Leader 将组密钥单播给 P_k
         unicast a secret share to P_k;    //发送一份影子给 P_k
 end;
```

3. 组成员的异常处理机制

```
for each node P_i;     //异常处理
loop forever
watching all the nodes;       //监测服务器内的所有的节点
if find P_k.error then
        put P_k into error_list;    //如果发现 P_k 出错,将其放入出错队列
if  P_k ≠ Current_Leader  then
        send message(P_k.error, P_i) to Current_Leader;   //向 Leader 报告 P_k 的出错情况
else
        multicast message(Leader.error, P_i);        //向全组通告 Leader 出错
//对收到的出错消息进行处理
upon receive message(P_k.error, P_i) do
        increment  error_counter(P_k);      //对报错的次数进行统计
        if P_k= Leader then // Leader 出错
            multicast message(Leader.error, P_i);
        else if  error_counter (P_k)>t then    //如果超过门限的节点报告 P_k 出错
            call Leader to delete P_k from the group;    //请求 Leader 对 P_k 进行删除
    if received at least  t  message(Leader.error, P_i)  then
        StartRound(current_round+1);    //如果 Leader 出错则开始新的一轮选举
```

　　服务器组内的每个节点都可以对任何节点(包括该节点本身)进行监测,当发现异常情况后便发出警报,将异常信息多播给其余节点。任何节点收到异常警报之后,对异常源进行诊断,并将诊断结果发送给 Leader,由 Leader 进行处理。

　　同时,每个节点均会记下在当前 Leader 任期内出现异常的节点,以取消这些节点成为下一任 Leader 的资格(对它们的申请给予否定应答)。当新一任 Leader 选出之后,各节点将自己的异常队列清空,进行新一轮的统计。如果 Leader 出现异常,Follower 节点有权提出罢免,当多数节点通过罢免提议之后进行新一轮 Leader 的选举。当节点 P_i 检测出 Leader 出现问题时,会拒绝将自身存储的秘密影子提交给 Leader 进行信息的恢复。

4. 实例说明

为了更好地理解服务器组的管理协议,接下来将用一个具体的实例对协议的各方面做更加直观的解说。

假定服务器组共有 5 个成员,A、B、C、D 和 E,设定门限值 $t=3$。在下面的一系列图示中将用实线箭头表示由正常运行的节点发出的消息,虚线箭头表示由受损节点发出的消息。由于在各节点是通过多播信道相连,应此每个节点都会收到自己发出的消息,为了图示的方便,在示意图中都省略了。

将各节点发出的消息分为主动消息和被动消息(见图 4-15):

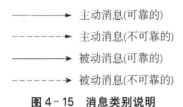

图 4-15 消息类别说明

(1) 主动消息:主动消息是节点由于某种原因向别的节点发出的请求、公告等,包括选举请求消息、异常公告消息、加入请求消息、退出请求消息等等。

(2) 被动消息:被动消息是节点收到主动消息之后发出的回应消息。

如图 4-16 所示在 t_1 时刻节点 A 的选举请求定时器超时,A 向 B、C、D 以及 E 发送一个选举的请求,B、C、D 和 E 节点收到选举请求消息之后,对 A 的申请进行审核,分别于 t_2、t_3、t_4、t_5 时刻发出各自的审核意见,表示同意或不同意。B、

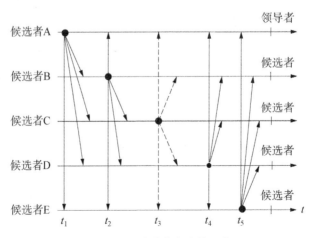

图 4-16 故障节点应答示意

C、E 节点运行正常,因此他们的结果是一致的,都发出了肯定应答;而节点 C 由于某种因素(自身出现故障或者被入侵等)给出了不同的应答。但是这并不影响选举的结果,因为 A、B、D 和 E 都获得了 4 个肯定的应答,而节点 A 顺利当选为 Leader,设为 Leader(s)=A。

如图 4-17 所示,由于节点 C 在选举的过程中的行为异常,因此 A、B、D 和 E 都会将 C 放入故障队列中,并将故障计数队列中节点 C 相应的计数值加一。

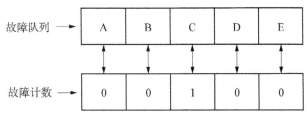

图 4-17　节点故障队列

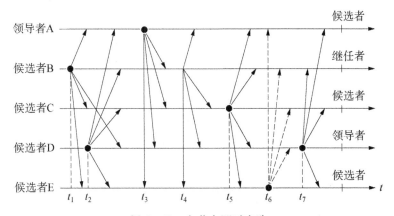

图 4-18　多节点同时竞选

节点 A 作为 Leader 运行一段时间之后,节点 B 的选举请求计时器 ER_Timer$_B$ 超时,B 便多播一个选举申请消息 ElectionRequest_Msg(B, $s+1$),但此时出现了一种情况,即在消息 ElectionRequest_Msg(B, $s+1$)到达节点 D 之前,D 的选举请求定时器 ER_Timer$_D$ 也超时了,因此节点 D 同样也会发出选举申请消息 ElectionRequest_Msg(D, $s+1$)。这样组内的每个节点都会收到两个请求,这时,各节点就启动综合性能评估机制,根据评估函数 $P(C, S_1, S_2, S_3) = \alpha C + \beta S_1 + \varepsilon S_2 + \delta S_3 + \varphi O$ 分别对节点 B 和 D 进行性能评估,并得出评估值 P_B 和 P_D,通过比较 P_B 和 P_D 的值来确定谁当选为领导者,而另一个则放入继任 Leader 队列中。

假定 $P_D > P_B$，那么 Leader($s+1$)=D(如图 4-19 所示)。

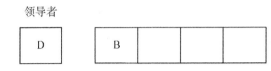

领导者

图 4-19 D 当选为 Leader，B 成为继任 Leader 插入继任队列

由于各正常运行的节点都是根据相同的性能指标进行计算，所以他们各自维护的继任领导者队列是相同的。

在节点 D 作为领导者正常运行阶段，系统内的各节点利用 Leader 的预选机制来进行领导者的预选工作，利用性能评估机制分别计算出 P_A、P_C 和 P_E。通过与 P_B 进行对比，将 A、C、E 三个节点分别插入继任 Leader 队列。我们假设 $P_E > P_B > P_A > P_C$，那么继任 Leader 队列变更为 E(如图 4-20 所示)。

领导者

图 4-20 继任队列变更

当然各节点的性能评估是周期性地进行的，并且各节点在运行的过程当中也可能会出现这样或那样的问题，因此每次的评估值都有可能不同，所以继任 Leader 队列也会相应地发生变动。

如图 4-21 所示，假设节点 C 被入侵，C 从事着一些异常的动作，而 E 本身出现一些运行错误。这时 A 发现 C 情况异常，立即向其他成员发送 C 异常的通告消息。B 和 D 收到通告之后，经过检测发现 C 确实存在异常情况，都予以肯定的恢复，确认 C 的异常情况。当然，作为入侵者 C 当然会发出否定的应答，以掩盖 C 的入侵行为。然而，这时徒劳的，因为 A、B、D 三个正常节点都已经收到门限数量的消息，从而可以肯定 C 出现问题，而不是单一节点 A 的误报。于是 A、B、D 将 C 从继任队列中删除，同时由于 E 的应答出现错误，故节点 E 也将从继任队列删除。节点 E 发现自己的结果于大多数节点的结果不同，可以确定自己出现故障，从而进行自我恢复过程。在 E 恢复之后，对 E 重新进行性能评估，加入继任队列末尾(刚出过错的节点总是排在队列的末尾，如图 4-22 所示)。

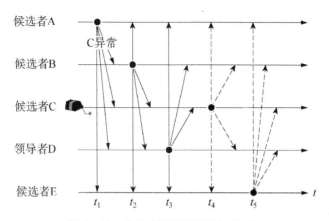

图 4-21　容侵容错下的异常处理示意

图 4-22　将 C 从继任队列删除,将 E 加在队尾

Leader 节点 D 将执行节点 C 的删除程序。D 收集节点 A 和 B 的影子进行信息的恢复。节点 E 虽然没有被入侵,但是由于故障,其影子可能已经损坏,因此在信息的恢复阶段将不采用 E 的影子。收集了 $Share_A$ 和 $Share_B$ 再加上 LeaderD 自己的影子 $Share_D$ 就可以将秘密信息恢复,然后再次分割产生新的影子 $Share_A'$、$Share_B'$、$Share_D'$ 和 $Share_E'$,分别发送给节点 A、B 和 E。这样,节点 C 的影子就失效了,达到了对 C 的删除目的。当然,节点 C 进行重新配置以后,还是可以申请加入服务器组的,如图 4-23 所示。

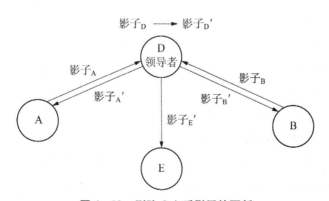

图 4-23　删除 C 之后影子的更新

5. 存储信息的处理机制

设置 Leader 对密钥信息处理的时间间隔为 T。一般情况下每隔时间 Leader 将分散在各服务节点的存储信息集中起来加以恢复,并将在这个时间间隔内的新的信息加入其中,然后重新分割存储。但是,如果在时间间隔之内请求加入或离开多播组的客户端接近一定的门限值,Leader 必须立即执行存储信息的更新操作,而无须等到时间之后进行,具体的执行机制将在 4.6.2 中进行详细的描述。

特殊情况的处理:当发生服务节点的加入或删除操作时,必须激发对存储信息的更新操作。当某一服务节点被删除之后,为了使存储在其上的信息失效,Leader 必须执行存储信息的更新操作,由于采用了新的信息分割,那么被删除节点上的存储信息将不能泄露任何有效信息。

Leader 执行信息恢复分解的时候根据当时服务器组的实际情况,动态的确定信息分割以及秘密共享的门限值,并且将门限值及时通知各服务器节点,以免造成各节点判断失误。

4.5.5　对用户层的管理

1. 成员访问控制

由于在本章的多播密钥管理方案中采用了门限的思路,假定某些攻击突破现有的安全防护,对鉴别和授权系统进行相应的主动或被动攻击,导致某些节点泄漏或失去控制,只要这样的节点没有到达预定门限值,系统仍能提供可信的鉴别和授权服务。泄漏节点中的信息不会导致密钥信息泄漏。这样就使系统具有了容错和容侵的能力,增强了系统的安全性和可用性。

在服务器组的管理中采用了表决机制,通过在服务器组成员当中选举产生一个 Leader 来对多播组进行管理。如图 4-24 所示,当用户 User 想加入多播组时,必须经过以下四个步骤。

(1) User 通过广播或者多播的形式向服务器组发送加入请求;

(2) 服务器组各成员对 User 的请求进行审核;

(3) 各服务器组成员将审核的结果通过投票的形式发送给 Leader;

(4) Leader 根据投票的情况来决定是否允许 User 的加入,给出肯定或否定的应答。

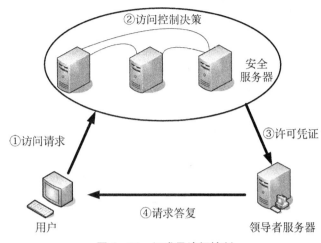

②访问控制决策

安全
服务器

①访问请求

③许可凭证

④请求答复

用户

领导者服务器

图 4-24 组成员访问控制

2. 播用户的密钥更新

（1）实时密钥更新机制。实时密钥更新是指在安全多播中，组密钥随成员变化而更新。这种更新方式适用于对安全性要求较高的多播应用。由于单个成员的变化会导致组密钥的更新，因此，密钥更新的代价较高。随着多播组规模的增加，密钥更新的开销也将随之上升，这对组管理者来说是个很大的负担。此外，上述单个成员的密钥实时更新方式还存在如下缺点：①效率较低：组成员的变化意味着新一轮密钥更新的开始，管理者需要产生新的组密钥并将其发送到所有组成员。因此，管理者的计算负担很重，特别是成员变化比较频繁时更是如此。②更新报文失序：这是由于网络传输差异造成的报文接收顺序的改变所形成的一种现象。具体表现为接收者的组密钥已经更新，但可能收到旧的组密钥加密的数据报文；或者接收者没有进行密钥更新，但收到了新组密钥加密的数据报文。其后果是组成员需要保存很多过去的组密钥，并占用大量的缓存来保存不能解密的数据信息和重分配消息。

（2）批量与周期更新相结合的机制。周期密钥更新方法中[56]，组成员变化后的密钥更新将在一定的时间间隔后进行，这个间隔就是更新周期。由于在一定的间隔内可能有若干的加入成员和离开成员，因此，这种方法可以有效地减少由成员变动所产生的密钥更新的次数，从而减少管理者的计算开销和网络通信开销。与实时密钥更新相比，这种方法的密钥更新效率较高[57]。但由于密钥更新不再具有实时性,组密钥存在短期暴露的危险,存在产生一定的安全隐患,不适宜对安全性要求较高的应用。同时,在一些情况下,还会给组成员的加入带来一定的时延。引入批量密钥更新后,在减少密钥更新报文(包括可能重复的报文)数量的同时,通过适当地选择更新周期的长度,也可以解决或缓解"Out-of-Sync"问题[30]。周期密钥更新中,选择合适的更新周期是个关键问题,它不仅与组规模大小有关,还与组成员的变化规律(或者说具体的多播应用)有关。

将批量更新与周期更新分别定义为:①批量更新:当加入或离开多播组的用户得到一定数量(设为 M_{rekey})时,才对组密钥进行更新。②周期更新:当系统运行一定的时间段(设为 T_{rekey}),不论请求加入或离开的用户是否达到 M_{rekey},都对组密钥进行更新。其中 T_{rekey} 是从上一次密钥更新完毕开始计算,即两次组密钥更新的时间间隔最多为 T_{rekey}。

如图 4-25 所示,组成员的加入与离开的次数为 16,如果对每次的加入与离开都使用单独的 rekey,那么一共要进行 16 次密钥更新。为了提高系统的效率,我们使用了批量更新与周期更新相结合的组密钥更新策略,令 $M_{rekey}=5$,$T_{rekey}=T$,即每收集到 5 个组成员关系变动时更新一次组密钥,每隔一段时间 T 也更新一次组密钥。图示在 V_1 和 V_3 阶段虽然不到时间间隔 T,但是已经发生了 5 次成员关系的变动,所以必须对组密钥进行更新;而在 V_2 和 V_4 阶段虽然没有满足 5 次成员关系的变动,但是已经达到了密钥更新周期 T,所以也必须进行一次密钥更新。这样原先的 16 次 rekey 降低为 4 次,并且这 4 个密钥都能使用相对稍长的时间,是一种对资源的节约。这种周期更新与批量更新相结合的组密钥更新机制既能降低 GC 的通信开销,又能降低组成员的通信开销,然而它并不严格遵守多播的前向安全性,并且带来了成员关系变动的处理延时。但是,对于收费电视等多媒体多播场

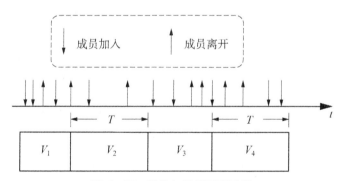

图 4-25 批次与批量更新示意

合,短暂的加入、退出延时是完全可以接受,并且对前向安全性的略微牺牲换来的是整个系统通信开销的显著下降,也是非常值得的。

在如何确定批量更新的量 M_{rekey} 以及周期更新的时间间隔 T_{rekey} 上,必须根据具体的实际情况来决定。一般需要考虑以下三个问题:①多播组规模:组管理者将新的组密钥发送给每个组成员需要一定的开销,多播组规模越大,开销就越大。②成员加入或离开的变化速率:成员离开多播组以后,组管理者需要生成新的组密钥,并发送到新的组成员。如果成员加入或离开的周期小于组密钥更新周期,系统的安全性将受到威胁。③通信信息的价值:传输重要或敏感数据时,应选择较小的更新周期,反之,可以选择较长的更新周期。

第 5 章
基于环结构的应用层多播研究

多播技术又分为 IP 多播和应用层多播两种类型。IP 多播是网络层多播,其基本思想是对网络层的 IP 包进行扩展,组地址采用 D 类 IP 地址标识;发方只需将数据发往多播组地址,网络负责路由、数据复制和转发,一个主机可通过 IGMP 协议动态地申请加入或离开多播组。IP 多播具有效率高,但目前 IP 多播存在一些问题有待解决,使得自 IP 多播至今没有大规模部署,严重影响了各种基于 IP 多播的组应用。IP 多播存在的主要问题包括。

(1) 代价高:需要更新不支持 IP 多播的路由器,需要设计新的多播路由协议,同时还必须有组管理协议(IGMP)的支持。

(2) 缺乏有效的传输控制:IP 多播仅提供尽力而为的服务(best effort service),不提供可靠传输服务,也没有类似 TCP 的拥塞控制机制,尽管存在一些解决方案,但是否适合大规模的网络仍不清楚。

(3) 互联网服务提供商不愿意提供 IP 多播服务:IP 多播缺乏有效的计费方法;管理复杂,配置负担重;也不提供安全机制,对 IP 多播的安全性普遍缺乏信心。

面对 IP 多播难于大规模部署的现状,人们提出了应用层多播。应用层多播又称为端系统多播,其主要思想是将复杂的多播功能放在端系统实现,应用层多播网的节点是多播成员主机,数据路由、复制、转发功能都由成员主机完成,结点间的通信是通过覆盖网(overlay network)来完成的,覆盖网中的两个结点可采用单播链路相连,因此应用层多播可在不需要更新当前路由器的情况通过覆盖网来实现,有效降低了部署的代价和难度。另外,和 IP 多播使用一种模型来统一所有应用的情形不同,应用层多播无统一模型,而是针对特定的应用进行优化,因此,应用层多播具有灵活性强、易于实现和管理、易于进行可生存性和安全性的配置和控制,是当前条件下实现多播的较为现实的方式。

5.1　应用层多播协议

应用层多播是在一个功能性的虚拟叠加网的基础上实现的。因为叠加网具有的良好性质,可以将组成员作为叠加网中的结点来进行组织和管理。在叠加网拓扑结构建立后,根据相应的协议来传输多播数据。应用层多播协议可以分为管理协议和数据协议两个基本部分。管理协议较为复杂,负责应用层多播叠加网的构建、维护及优化,包括连通性检测、链路状态监测、自动负载平衡、拓扑结构自组织;相对于管理协议,数据传输协议较为简单,功能单一,只负责多播数据的传输。应用层多播协议通常把组成员组织成两个逻辑拓扑:控制拓扑和数据拓扑。

5.1.1　应用层多播面临的问题

一个完整的应用层多播协议需要解决以下一些问题。

(1) 控制拓扑和数据拓扑的构建:在协议的初始化阶段,协议应该保证所有的组成员能够以分布式的方式构建成一个具有良好的可扩缩性和连通性的控制拓扑结构,同时还要能够构建一个传输效率较高的数据拓扑。

(2) 控制拓扑和数据拓扑的维护:在协议的运行阶段,协议需要建立一些机制来维护前面构建的控制拓扑和数据拓扑,以保证协议的正常运行。

(3) 数据的分发:在多播数据传输过程中,协议应该保证数据能够在组成员之间高效地进行传输,并且具有较高的可靠性。

(4) 成员管理:成员的加入和离开是多播服务中最基本的操作,协议中应该有机制来处理成员的加入和离开多播组的操作。

(5) 异常处理和恢复:在出现异常情况下,如结点失效或者链路失效等,协议应该有机制来检测异常,并尽快解决异常,恢复多播服务,最好在出现异常时,能够提供一些最基本的数据传输服务,而不至于中断多播服务。

目前,应用层多播的研究主要集中在如何解决应用层多播的可扩缩性问题上,树结构是解决可扩缩性问题一种较为理想的方法,因此出现了许多基于树结构的应用层多播协议。许多组应用除了要考虑可扩缩性之外,还需要考虑应用系统的可生存性,系统的可生存性(survivability)包括系统的可靠性、抗攻击性和可用性等。尽管基于树结构的应用层多播具有良好的可扩缩性和传输效率,但在可生存性和安全性方面,基于树结构的方案存在以下局限性。

(1) 基于 ACK 反馈的可靠机制容易导致拥塞问题。

(2) 树的冗余备份和维护很困难。

(3) 难以充分利用组环境中的所有可用资源。

(4) 基于树的动态密钥管理方案太复杂。

和树结构相比,环结构易于构造,环结构中结点的度是固定的。基于树结构的多播方案,承担复制和转发数据的结点只是多播树中的内部结点,而在环结构多播中,几乎所有的结点都参与和转发数据。更为重要的是环结构的应用层多播在可靠性、可生存性等方面具有突出的优势:具有内在的可靠和容错特性,ACK 需要量很少;双环结构自动提供冗余备份,很容易处理单点失效问题。

目前,针对安全可生存应用层多播可生存性的研究还很少,处于起步阶段,以可生存性为目标的应用层多播的许多关键问题如覆盖网的拓扑结构、组成员的组织和管理、组密钥管理方案、传输控制方法等还有待深入研究。基于环结构的应用层多播研究,主要针对环结构在可生存性方面的优势进行研究,研究成果将推动对可生存应用层多播的理论和技术的发展,为可存活的、安全的和可扩缩的组通信系统提供有效的技术选择。

此外,目前多播密钥管理的研究大多针对 IP 多播模型,且主流的可扩缩密钥管理方案是基于密钥树的管理方案,这种方案存在的主要问题是过于复杂,密钥分发的可靠性难于保证。此外,目前安全多播应用系统大多采用相对简单的集中式组密钥管理方案。集中控制便于管理、实现简单、易保持一致性,但单一的组控制中心易受攻击,导致单点失效、拥塞等问题,系统安全性和可用性较差,存在系统恢复时延长、代价大、强度不足等缺点。而针对应用层多播密钥管理的研究还很少,没有有效的密钥管理,安全性将无法保证。

5.1.2　应用层多播协议的分类

应用层多播协议是应用层多播的核心内容,它分为集中式协议和分布式协议两类。应用层多播是集中式协议的典型例子,系统存在一个中心控制器,它需要获得所有组成员的全部信息,负责计算连接所有组成员进行数据分发的最小生成树。集中式控制维护简单,最大的问题是容易造成单点故障和瓶颈问题。

分布式协议则无须获得所有成员的全局信息,可通过局部组成员信息通过分布式的方法建立数据分发路径。它有效避免了集中式协议存在的问题,因此,目前的分布式的应用层多播协议成为研究的主流。

根据形成覆盖网拓扑结构的不同,分布式的应用层多播协议又分为网格状优先(mesh-first)协议、树状优先(tree-first)协议、隐式法(implicit approaches)协议和环型协议四类。

网格状优先协议包括 Narada[13],LARK[14],Scattercast[15]。网格状优先方法以分布的方式将所有组成员组织成 mesh 型控制覆盖网,在覆盖网中的所有结点都将参与路由计算,每个组结点以某种路由算法计算到其他每个结点的覆盖网数据路径。Narada 通过运行距离矢量路由 DVMRP 协议来建立源为根的最短路径数据分发树。Narada 中每个成员所需维护的状态信息为 $O(N)$,可扩缩性差,适合中小规模的多播应用。

树状优先的应用层多播协议包括 Yoid[16],Overcast[144],AOM[145],HMTP[146]等。树优先应用层多播协议先直接建立一组共享数据分发树,然后,各组成员从覆盖树中选找非邻接结点,根据一定的算法建立和维护这些结点的控制链路,控制拓扑就由共享数据分发树和这些控制链路构成。树优先应用层多播中每个成员需维护的状态信息为 $O(n_{\text{degree}})$,因此具有较好的可扩缩性。Yoid 可动态配置组成员来优化数据分发路径。Overcast 使用分布式的分发树建立协议构建以源为根的数据分发树,并以此提供可扩缩的可靠多播服务。AOM 以端到端时延和结点间往返时间为依据,通过分布的方式建立数据分发树。

隐式法多播协议 NICE[147]、Scribe[148]和 CAN-multicast[149]在定义控制拓扑和数据拓扑时没有严格的先后顺序。隐式协议创建具备某些特殊属性的控制拓扑,这些特殊属性隐含的定义了数据传递的规则,从而隐含的确定了多播路径,因而不需要通过组成员之间的交互来从控制拓扑中产生数据拓扑。隐式法又可分为层次型和 P2P 等几种类型。NICE 属层次型,采用分层网状结构,所有组成员位于最低一层,每一层中的成员属为不同的簇,每一簇由一个 leader 负责加入位于上一层中的某个簇。数据分发路径由两种结构构成,簇间按分发树传递、簇内按星性结构传递。NICE 中每个成员都可直接在层次拓扑上建立以自己为根结点的多播树,状态信息交换只在簇内进行,每个结点维护的状态信息最多为 $O(k \log_k N)$,(k 为决定簇大小的参数)。Scribe 建立在 P2P 对象定位和路由协议 Pastry 基础之上,其控制拓扑与 Pastry 相同,数据分发路径由不同组成员到聚合点 RP 的 Pastry 单播路径联合而成。Scribe 中每个结点的维护信息很少,且成员的请求操作由本地处理,因此 Scribe 具有较好的可扩缩性。CAN-multicast 以覆盖网络 Content-

Addressable Network 为基础,CAN-multicast 采用分布式哈希表来建立数据分发路由,不需要创建单独的多播路由树。

环结构应用层多播协议是一类相对较新的应用多播协议。普通的环结构存在时延和时延抖动较大的问题,Aiello 等[150] 提出采用扩展环网络(augmented ring networks)来解决这一问题,扩展环网络的例子包括弦环(chordal ring),快递环(express)、多环(multiring)和分层环(hierarchical ring network)。为了解决 P2P 网络中的组通信问题,Junginger[151] 提出了一种基于多环结构的解决方案,外环为连接所有组结点的环,内环由能力更强的部分结点组成,可已递归方式建立更多的内环。VRing[152] 是一种应用层多播协议,它在组成员之间通过自组织和分布式的方式建立一个环型的覆盖网络。VRing 首先通过一个初始环将所有的组成员连接起来,为了减少传输时延和增强可靠性,环中的结点根据特定的方式或算法建立一条链路,形成一个冗余环,冗余环增加了环中结点的连通性。Wang 等[153] 提出一种为满足可存活安全组通信系统要求的多环虚拟环结构 MVR(multiring virtual ring),先通过局部信息建立多个简单的环,利用 Dirjkstra 算法通过主桥将简单的环连接起来,并建立一些备份桥提高可生存性。Wang 等[154] 总结了多环技术在可扩缩战场空间组通信方面的应用,分析了不同环结构的性能和特点,介绍了在战场环境下的应用。

表 5-1 给出了几种应用层多播协议之间的比较,N 表示多播组中的结点数目,k 表示层数,d 表示空间的坐标维数。通过比较,可以得出以下的结论。

表 5-1　不同应用层多播协议的比较

	类型	结构类型	扩展性	可生存性	最大路径长度	最大结点度	平均控制开销
Narada	网优先	单独树	差	较好	无上界	大约界限	$O(N)$
HMTP/Yoid	树优先	共享树	较好	差	无上界	O(度的最大值)	O(度的最大值)
NICE	隐式法	单独树	好	差	$O(\log N)$	$O(k\log N)$	常量(与 k 有关)
Bayeux/Scrible	隐式法	单独树	较好	差	$O(\log N)$	$O(\log N)$	$O(\log N)$
CAN-Multicast	隐式法	单独树	较好	较好	$O(dN^{\frac{1}{d}})$	$O(d)$	常量(与 d 有关)
P2P 多环	环结构	环	较差	好	$O(N)$	$O(1)$	$O(1)$
VRing	环结构	环	较差	好	$O(\sqrt{N})$	$O(1)$	$O(1)$
MVR	环结构	环	好	好	$O(N)$	$O(1)$	$O(1)$

（1）网优先方式控制开销较大,适用于规模较小的多播应用,效率较高。

（2）树优先方式采用共享树,因此不适用于对延时敏感的应用（如流媒体传输）,但其比较适用于实现高带宽的数据传输。

（3）隐式法适用于多播组规模较大的情形,同时还适用于延时敏感（路径长度相对较短）的应用。

（4）网优先方式、树优先方式及隐式法的可靠性较差,而且结点的度相对较大,结点的负担较重。

（5）环结构的可扩展性较差、时延大,但通过组织成多环结构,可以增大多播组的规模,另外环结构的可生存性好,结点的度为常数,结点的负担小,适用于对可生存性要求较高的多播应用。

5.2　基于树环结构的应用层多播协议

5.2.1　新的高可靠性应用层多播结构

现有的应用层多播的数据拓扑主要分为树结构和环结构两类。树型结构的优点是具有较好的可扩缩性、传输时延小,但可靠性方面存在许多问题,主要有采用的传统可靠机制——ACK 反馈机制会产生 ACK 风暴,严重加剧系统负担;构建冗余备份路径非常困难;组规模大,遇到意外事故导致系统瘫痪时的恢复和重建会很困难。

环型结构在可靠性方面具有突出的优势:无需 ACK 机制,易于处理单点失效的问题。但也存在扩展性较差、传输时延较大的问题。

为解决上述问题,刘洋志等[155]提出一种新的应用层多播分发结构——树型环结构（图 5-1）。该结构将整个多播范围划分成多个区域,每个区域中的成员构成一个环型结构——区域环。所有的多播组成员都分布在各个区域环中,每个区域环中包括一个环首、一个副环首和若干个普通成员。在距离较远的各区域中,采用时延和度数均较小的二叉树——环首树,来进行连接。为了进一步提高结构的可生存性,我们在区域环和环首树中分别构建了备份传输路径,以在提高数据传输速度的同时解决单点失效和链路失效的问题。在区域环中,采用 VRing 中的方法在各个成员之间建立一条备份路径;在环首树中,在各个区域环的副环首之间构建一棵备份二叉树。

在传输数据时,发送源发送的每个数据包都用一个唯一的序号进行标识,数据包在环首树和区域环中同时进行传输:在环首树中,发送源将数据在环首树和备

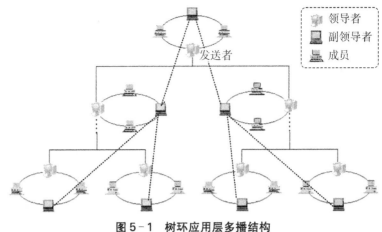

领导者
副领导者
成员

发送者

图5-1　树环应用层多播结构

份树同时进行转发;在区域环中,结点收到数据后,检查数据的来源:如果来自初始环,则将数据向初始环中的下一跳结点和冗余环中的下一跳结点同时进行转发;如果来自冗余环,则将数据只向冗余环中的下一跳结点进行转发。另外,还通过适当的抑制机制来处理重复的数据包。

该结构结合了树型结构和环型结构的优点,比传统的结构具有更为理想的性能,主要表现在以下两个方面:由于单环结构扩展性较差,采用多环结构来提高扩展性,使之能够应用于大规模的多播通信;在多个单环之间的主干部分采用树型结构进行连接,提高了数据转发效率。

5.2.2　树环结构的构建算法

构建算法包括区域环的构建算法、环首的选举算法、环首树的构建算法及成员的插入位置算法。

1. 区域环的构建算法

该算法主要用于结构的初始化阶段和环的优化阶段。区域环的构建算法主要分为两步:

(1)构建初始环,将每个区域中的所有多播组成员按照某种顺序连接成一个时延总和最小的环。该问题相当于旅行售货员问题(TSP),是一个NP完全问题,采用TSP的近似算法1如来为该问题寻求近似解。由于成员之间的时延满足三角不等式性质,因此能将算法的性能比为2。算法伪代码见图5-2。

```
//寻找图g的近似最优环
procedure AppmxRing(g)
    selectanode rfromg;
    //利用用Prim算法找出以r为树根的最小生成树
    T=Prim(r);
    //前序遍历T得到顶点列表L
    L=preorder(q);
    //将r加到L的末尾形成回路H Status=inactive；
    H =add rto L；
end；
```

图 5-2　初始环构建算法

（2）在初始环的基础上，采用 VRing 中提出的算法来构建一个冗余环，用于增强在环中传输数据的可靠性，并降低环中数据传输的时延。由于冗余环的采用，可以将环中完成一次数据传输的跳数减少为 $2(\sqrt{N}-1)$ 跳（其中 N 为环中的结点数目）。

2. 环首的选举算法

该算法主要用在区域环中选举出性能最优的结点作为环首。利用 Franklin 提出的选举算法来设计环首的选举算法。环中结点的状态分为两种：活动状态和非活动状态。初始时均为活动状态。在每轮操作中，每个结点收到其他结点的性能后，按照图 5-3 中的进行操作，直到经过某轮操作后，只剩下一个活动结点，即为环首。该算法同样用于副环首的选举。

```
Procedure Recv(P)        //P为结点收到的性能值
    //查看自己的状态
    if status==inactive        //非活动
        sendPtOnextnode；
    else
        //比较收到性能值和自己的性能值
        if   P<self_P
            Status=inactive；
        end；
    end；
end；
```

图 5-3　环首选举算法

3. 环首树的构建算法

该算法主要用在各区域环选举出环首后,以发送源为树根,在各区域的环首之间构建一棵时延较小的多播二叉树。

各区域的副环首之间的备份路径也按照该算法来构建。我们采用一种近似平衡二叉树的算法,首先根据结点数目 n 计算出要构建的二叉树的层数 layer_num＝$\lceil \log_2 n \rceil$,然后从根结点开始,按照图 5-4 进行操作,直到将所有结点都添加到二叉树中为止。

```
procedure Form_Tree(layer_num)              //layer_num 为树的层数
    i = 1;
    while  i < layer_num  do
      node_num = 2^{i-1};                    // 第 i 层的结点数目
      for  j = 1  to  node_num
          find two sons for node  j ;        // 为 j 寻找两个时延最小的儿子
      end;
      i = i + 1;
    end;
end;
```

图 5-4　环首树构建算法

4. 成员的插入位置算法

该算法主要用于成员的加入阶段,为新成员找到一个合适的插入位置,使其插入后,环的总时延增加量最小。我们采用集中式的方法由环首来为新成员寻找插入位置。具体过程如下:首先,环首 S 沿着环中链路发送一条轮询信息,轮询信息中包括该信息的发送时间,环中结点根据该信息计算出它与相邻结点之间的时延。当轮询信息重新回到环首处,环首就得到了环中所有相邻结点之间的时延。其次,新结点 r 计算与环中所有结点之间的时延,并将这些时延发送给环首。最后,环首得到上述信息后,按照图 5-5 所示算法进行新成员插入位置的计算。

该算法比较了将新结点插入到环中任意两个结点之间后环中相应链路的时延的增加量。算法的终止条件是遍历整个环一遍,找到了增加量最小的位置,因此算法能够保证为新结点找到的位置是最优的,即环的总时延增加量最小。

```
Procedure Find_Pos(r)    //为新结点r寻找插入位置
    //c(ij)表示i和J之间的时延
    //min为最小时延，pos为插入位置
    mill=c(r,1)+c(r,n)-c(1，n);
    pos=11
    for i=2 to n
        temp=c(r,j-1)+c(r,j)-c(i-1,i);
        if temp<mill
            mill=temp;
            pos=i;
        end;
    end;
end;
```

图 5-5　成员插入位置算法

5.2.3　协议的设计

协议将多播范围划分成多个区域，在每个局部区域内部采用环形结构，在各区域之间的主干部分采用树型结构，并分别在区域内部和区域之间建立一些冗余链路。整个结构可以跨越多个区域，连接多个单环结构，使得协议的扩展性能较好，适合于大范围、多用户的多播应用；同时协议可以很好地结合树型结构和环形结构的优点，使其数据传输时延小，可靠性高，能够有效处理单点失效及链路失效的问题，而且结点的度数较小，降低了主机的负担；另外，由于近似算法的引入，进一步减少了多播数据的传输时延，提高了协议的执行效率。协议主要包括结构的构建、结构的维护、成员管理及故障的检测与处理等几个组成部分。

1. 结构的构建

整个构建过程主要分为：区域环的构建、环首的选举和环首树的构建三个部分，具体方法分别按照前面算法中介绍的方法来实现。

2. 结构的维护

在结构构建完成后，为了保证协议的正常运行，多播组中的成员需要得到一些相关的信息，用于维护整个结构。维护过程中主要涉及三类信息。

（1）QUERY 信息：环首的轮询信息，主要用于环首得到所在环中的成员的数目、成员的列表及相邻成员之间的时延。

（2）BAKKUP 信息：环首和副环首之间的交互信息，主要用于环首和副环首，将各自保存的信息发送给对方，进行备份。

（3）HELLO 信息：环中相邻结点之间的交互信息，主要用于环中结点，得到它在环中下两跳结点的信息。

3. 数据的分发

发送源发送的每个数据包都用一个唯一的序号进行标识，数据包在环首树和区域环中同时进行传输。

（1）环首树中的数据分发。发送源将要发送的数据沿着环首树发送给左右儿子，每个环首收到数据后也继续在环首树中向儿子结点进行转发。同时，为了确保数据传输的可靠性，还要在备份路径中同时进行转发，即在由各区域的副环首构建的备份路径中转发数据。环首和副环首收到数据后，也同时向区域环中进行转发。

由于引进了副环首之间的链路作为备份路径，树中的一些结点可能会收到数据包的冗余拷贝，因此每个结点需要检测和抑制收到的冗余数据。我们通过检查唯一标识数据包的序号来实现，每个结点都维持一个小的冗余抑制缓存，保存一个小时内收到的数据分组的序号，当收到相同序号的分组时，就对冗余分组进行丢弃，同时还要设置一个时间期限，超过时间期限的数据分组序号将会从冗余抑制缓存中删除。

在环首树中同时沿着两条路径转发数据，增强了数据传输的可靠性，同时两条路径都是按照近似算法构建的时延较小的二叉树，能够加快数据传输的速度，减小时延。

（2）区域环中的数据分发。在区域环中，数据在初始环和冗余环中同时进行转发。收到数据的结点要检查数据的来源：如果是来自于初始环，则将数据向初始环中的下一跳结点和冗余环中的下一跳结点同时进行转发。如果是来自于冗余环，则将数据只向冗余环中的下一跳结点进行转发。

由于数据在环中是沿着两条路径同时传输，因此也会存在着数据的冗余，环中的每个结点也要维护一个较小的冗余抑制缓存，用来检测接收到的冗余数据。结点接收到数据后，首先将其序号与自己的缓存中的序号进行比较，如果不相同，则继续进行转发；如果相同，则说明收到的是冗余数据，只需要将其进行丢弃就可以了。

　　采用初始环和冗余环同时进行数据传输主要带来了两个优点：增强了可靠性，有效地解决了单点失效及链路失效的问题；减少了环中数据传输的时延，由于采用了冗余环结构，在环中完成一次数据传输只需要 $2(\sqrt{N}-1)$ 跳。

　　（3）触发式 NAK 技术。当网络中存在丢包，或者出现故障时，检测和恢复故障的时间过长，都会引起传输数据的丢失，从而降低了多播应用的可靠性。为此，我们引入了触发式的 NAK 技术，由检测到数据包丢失的结点主动请求重传，通过采用这种技术可以较大地提高数据传输的交付率。

　　由于我们利用序号来标识每个数据包，因此每个结点在收到数据包后，可以通过检测这些数据包之间的序号间隙来检测丢失的数据包，从而触发基于 NAK 信息的数据重传。

　　具体方法如下：结点 X 发送的数据包中包含有该包的序号，同时还包含它已经接收到和尚未接收到的数据包的序号，1 表示已经接收到，0 表示尚未接收后。接收者 Y 通过接收序号的间隙来检测丢失的数据包并发送 NAK 信息，请求重传。注意结点 X 和结点 Y 可能是环中结点，也可能是树中结点。

　　如图 5-6 中的例子所示：结点 Y 从结点 X 处接收到序号为 10 的数据包，该数据包显示结点 X 有序号为 6、7、8 的数据包，由于结点 Y 没有 8，所以它向结点 X 发送一个序号为 8 的 NAK，请求重传该数据包。同样，结点 Z 收到结点 Y 的数据包后，通过检测，它会向结点 Y 发送序号为 6、7 的 NAK，结点 Z 不会向结点 Y 发送序号为 8、9 的 NAK，因为它知道结点 Y 也没有收到这两个数据包。结点 Y 在收到序号为 8、9 的数据包后，会自动将其发送给结点 Z。

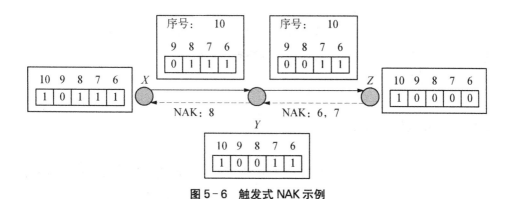

图 5-6　触发式 NAK 示例

4. 成员管理

成员管理主要包括成员的加入和离开,以及当成员变动较大时结构的优化工作。

(1)成员的加入:新成员首先向 RP 发送申请信息,RP 将新成员所属区域环的环首信息返回给新成员,然后新成员向环首发送加入信息,环首按照前面讲过的算法为新成员找到加入位置,并通知新成员。

(2)成员的离开:要离开的成员在离开前通知其在环中的前任结点,前任结点由于知道其在环中的下两跳结点信息,就可以直接与下两跳结点建立连接。若要离开的结点为环首结点,则除了要进行上述工作外,还要向副环首发送离开信息。

副环首收到后,发起一次环首的选举,并将所保存的信息全部发送给新环首。这样,新环首就可以直接与环首树中的父结点和子结点建立连接。

(3)结构的优化:当多播组中的成员变动较大时,最初的结构将会被破坏,因此,每隔一段时间要进行一次结构的优化工作,主要包括区域环的重建和环首树的重建,具体方法按照前面算法部分中介绍的方法来实现。

5. 故障的检测与处理

在协议运行的过程中,可能会出现故障,必须建立一些机制来进行检测和处理,使其能够恢复正常运行。

(1)普通结点的故障与检测:若结点连续向后继结点发送三次 HELLO 信息均没有得到回复,就表示后继结点已经失效,然后该结点直接同下两跳结点建立连接。

(2)环首的故障与检测:环首的故障可以通过定期向副环首发送 BACKUP 信息,向环首树中父结点发送 REFRESH—FATHER 信息以及向 RP 发送 REFRESH—RP 信息来检测。

当检测到故障后,需要完成以下两项工作:所在环的副环首发起一次环首的选举,并将自己保存的全部信息发送给新环首;新环首将环首更替信息通知环首树中父结点和子结点。

5.2.4　实验结果与分析

本部分通过实验对协议中结构的性能进行分析和比较。为了增强实验结果的可信性,消除偶然因素,我们分别在两种时延条件和网络规模下比较结构的性能。首先,在结点之间采用两种时延:一种是小范围的动态时延,变化范围在 10~

100 ms之间；另一种是较大范围的动态时延，变化范围在 10～1 000 ms 之间。其次，我们采用三种网络规模，分别为 100 个、300 个和 500 个结点。

1. 区域环性能分析

区域环包括初始环和冗余环，主要是为了在提高可靠性的同时尽量减小数据传输的时延。对于区域环的构建算法，我们主要设计了三种方案：方案 1 为初始环采用 TSP 的近似算法，冗余环采用双向环；方案 2 为初始环中结点的连接顺序随机生成，冗余环采用 VRing 的方法；方案 3 为初始环的构建采用 TSP 的近似算法，冗余环采用 VRing 的方法。

图 5－7 和图 5－8 分别描述了在小范围动态时延和大范围动态时延两种条件下，三种区域环构建方案在不同的网络规模中，每个结点的时延情况。图中的横坐标表示结点的 ID，纵坐标表示结点的时延。从图 5－7 中可以看出，在两种时延条件下，方案 1 都是最差的，随着网络规模的增大，大部分结点的时延都比其他两种方案的大，而且结点之间的时延分布不均匀，差值较大；方案 2 中每个结点的时延较小，而且分布比较均匀，但仍略差于方案 3，尤其是在大范围的动态时延条件下，表现得更加明显；方案 3 是三者之中时延性能最好的，结点的时延小且分布均匀。

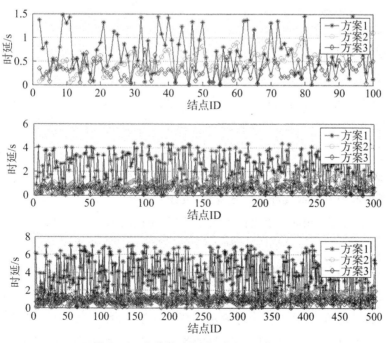

图 5－7　小范围动态时延(10～100 ms)

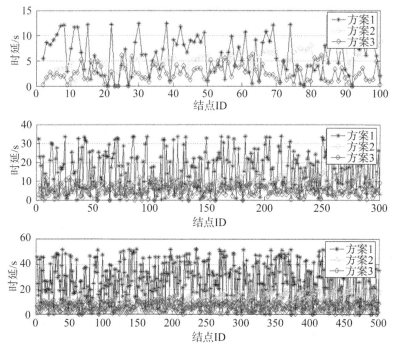

图 5-8　大范围动态时延(10 ms~1 s)

　　方案 1 中的冗余环采用的是双向环,双向环能够增强环形结构的可靠性,可以避免单点失效的问题,但是在双向环中,数据传输的路径较长,时延较大,因此它是三种方案中最差的;方案 2 中虽然冗余环的构建采用了 VRing 中的方法,能够有效地减小在环中传输数据的时延,但是 VRing 中的方法假设相邻结点之间的时延相同,只考虑传输数据的跳数,没有考虑环中结点的连接顺序对时延的影响,这与实际网络中的情况相差较大,实际网络中相邻结点之间的时延是不相同的,环中结点之间的连接顺序将直接影响到在环中传输数据的时延的大小,在方案 2 中环中结点的连接顺序是随机生成的,因此结点的时延性能会稍差于方案 3;方案 3 中初始环的构建采用近似最优环的构建算法,冗余环的构建采用 VRing 中冗余环的构建方法,既考虑到了相邻结点之间的时延差异,也同时考虑到了冗余环的构建方法对区域环中数据传输时延的影响,因此是三种方案中时延性能最优的。

　　图 5-9 描述的是在两种时延条件下,小规模的动态时延和大规模的动态时延,三种方案的扩展性能,即随着网络规模的不断增大,每种方案在环中完成一次数据传输的时延情况,其中横坐标表示网络的规模,即结点的数目,纵坐标表示时延。从图中可以看出,在小范围动态时延条件下,当网络规模小于 50 时,三种方案

的时延相差不多;在大范围动态时延条件下,当网络规模小于 80 时,三种方案的时延相差较小。但是随着网络规模的增大,无论在何种时延条件下,方案 1 的时延都急剧增大,是三者之中最差的;方案 2 的时延增长缓慢,明显优于方案 1,但略差于方案 3,特别是在大范围的动态时延条件下,表现得更加明显;方案 3 是三者之中扩展性能最好的,随着网络规模的增大,它的时延最小,且增加最为缓慢。

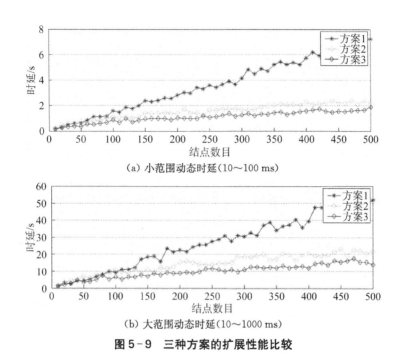

(a) 小范围动态时延(10～100 ms)

(b) 大范围动态时延(10～1000 ms)

图 5-9 三种方案的扩展性能比较

2. 环首树性能分析

环首树是在各区域的环首之间形成的,在构建时我们主要考虑尽量减小传输时延和结点的度。对于环首树的构建,我们设计了三种方案。星型结构:将所有结点都作为发送源的儿子连接起来;Prim 算法:构造最小生成树的算法;近似平衡二叉树:前面介绍的环首树构建算法。

图 5-10 和图 5-11 分别描述了在小范围动态时延和大范围动态时延两种条件下,三种环首树结构在不同的网络规模中,每个结点的时延情况。图中的横坐标表示结点的 ID,纵坐标表示结点的时延。从图中可以看出,星型结构在小范围动态时延条件下,是三种结构中最好的,每个结点的时延较小且分布均匀,特别是网络规模较大,优势就表现得更加明显,但是在大范围动态时延条件下,它是三者中

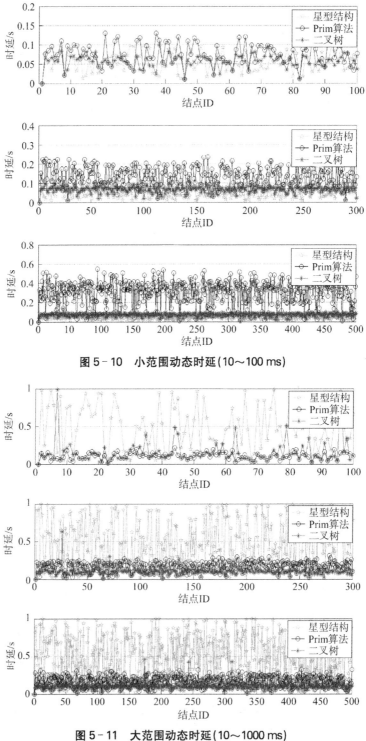

图 5-10 小范围动态时延(10~100 ms)

图 5-11 大范围动态时延(10~1000 ms)

最差的；Prim 算法在小范围动态时延条件下，是三者之中最差的，每个结点的时延大且结点之间的时延相差较大，在大范围动态时延条件下，随着星型结构时延性能的下降，它明显优于星型结构；二叉树结构在小范围动态时延条件下，略差于星型结构，但明显优于 Prim 算法，在大范围动态时延条件下，随着网络规模的增大，它逐渐变为三种方案中最优的，但是其中有个别几个结点的时延较大。

表 5-2 和表 5-3 中描述了三种结构分别在两种时延条件下，三种网络规模中的平均时延和最大时延。可以看出，在小范围动态时延条件下，如表 5-1 所示，在同等网络规模中，星型结构的平均时延和最大时延都是最好的，我们的近似平衡二叉树结构的性能稍差于星型结构，但优先于 Prim 算法，而且比较接近于星型结构；在大范围动态时延条件下，如表 5-2 所示，在同等网络规模中，我们的近似二叉树结构的平均时延和最大时延随着网络规模的增大，呈逐渐下降的趋势，因此算法具有较好的扩展性，尤其是平均时延在网络规模增大时，如 300 个结点和 500 个结点，变成三种方法中最小的，最大时延处于中间，而且越来越接近最大时延最优的 Prim 算法。

表 5-2　小范围动态时延(10~100 ms)

时延类型	网络规模	Prim 算法	星型结构	二叉树
平均时延	100	0.075 9	0.055 6	0.057 0
	300	0.135 6	0.054 9	0.068 1
	500	0.306 2	0.054 3	0.073 1
最大时延	100	0.140 4	0.099 7	0.124 7
	300	0.236 6	0.099 8	0.144 9
	500	0.547 3	0.099 9	0.139 3

表 5-3　大范围动态时延(10~1 000 ms)

时延类型	网络规模	Prim 算法	星型结构	二叉树
平均时延	100	0.107 3	0.492 0	0.155 2
	300	0.174 1	0.511 7	0.104 2
	500	0.168 2	0.494 6	0.103 4
最大时延	100	0.217 5	0.986 2	0.986 5
	300	0.310 9	0.995 6	0.630 4
	500	0.324 5	0.998 9	0.459 6

综合上述分析,在三种结构中,近似平衡二叉树结构时延性能较好,我们的协议中采用了此种环首树结构。结束语本书提出了一种新的应用层多播协议,该协议具有较好的扩展性能,能够适合于规模较大的多播应用。而且,协议采用多种机制来提高协议的可靠性,能够有效避免和处理结点失效及链路失效的问题。仿真结果表明,该协议具有较高的可靠性及数据传输效率。如何对协议的安全性进行进一步的加强,设计出相应的简单有效的密钥管理机制,对各种攻击进行有效的检测、预防和控制,提高协议的抗攻击能力,是值得进一步研究的问题。

5.3   基于树形多环的应用层多播可靠传输方案

应用层多播对网络基础设施没有特别的要求[2],结点运行在比路由器更容易受影响而失败的终端主机中,构建高效的应用层多播协议的关键是当结点失败时提供快速的数据恢复。

目前已经提出的多种应用层多播协议,由于终端主机相对路由器而言更容易失效,上层终端主机的失效将造成下游结点接收不到数据,虽然各种协议均提出了自己的解决方案,但是这些方案都存在时延大、传输效率不高的问题,特别是终端主机的经常失效,容易造成数据交付率严重下降。正是这些缺点导致应用层多播至今无法进行商业化运行。

童永等[156]使用一种主动的小概率随机转发技术,而且将这种结构由树推广到树环结构中,这种技术对于应用层多播协议中降低时延、提高数据的交付率是相当有效的。

5.3.1   主动随机转发

在主动随机转发技术[157]中,每个结点小概率主动通过随机选择的交叉边发送一些额外信息,这种结构通过交叉的边把数据传递链路连接起来,在结点高失败比率时可以提供快速的数据恢复。这种随机数据转发与正常的数据转发机制结合起来运转,可能造成少量的冗余数据,不过冗余数据可以通过数据分组的序号被检测和丢弃。这些随机成分可以在高比率结点失败的情况下,引起小的额外花销却保证高数据交付率。

图 5－12 为结点或链路失效造成数据丢失的示意图。当结点或链路失败造成失效结点的一个子集将不能接收数据。

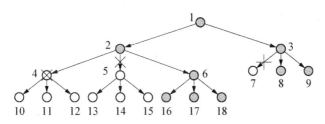

图 5－12 节点或链路失效导致的数据丢失

为解决多播数据转发中出现的丢失问题,可采取主动随机转发技术,结点接收到数据后,除沿树边转发,也选择少量的(p 个)其他结点以小概率(q)转发,如图 5-13 所示。这样每个结点平均发送或接收到 $1+pq$ 个相同的数据,方案的花销为 pq。随机转发路径的选择:发起结点发送有 TTL(time to live)的发现信息给它的父结点,信息随机地从邻居到邻居转发,不重复它到根结点的路径,每一跳 TTL 减少,当 TTL 为 0 时选为随机结点。

在图 5-13 中,本来由于结点 2 和结点 5 之间的链路失败导致以 5 为根的子树中所有结点均失效,无法接收到来自根结点 1 的数据,当结点 16 和 13 之间建立随机连接后,结点 16 向结点 13 转发数据分组,13 可向 5 转发,5 可以向 14、15 转发,这样以 5 为根的子树变成以 13 为根的子树,并且接收数据,这样只要子树和外界之间建立一条随机边,就可以接收到由于链路或结点失败而丢失的数据。结点通过随机选择的交叉边接收数据,然后沿着正常的树边以及随机选择的边转发数据,由于交叉边是概率相同的随机选择,一个大的子树将有大概率的交叉边,用交叉边修复的机会就更大。

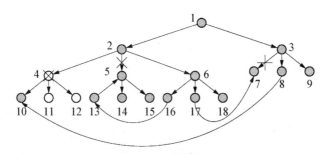

图 5－13 采用随机转发建立的交叉转发路径

根据文献[157]中的仿真,实验终端主机为 512 个左右,$p=3$,$q=0101$。额外数据花销为 3%;当组成员变化速率为 5 个/s 时的交付率为 97%,组成员变化速率为 10 个/s 时的交付率为 80%;链路失败率为 20%~55% 时,数据交付率几乎可达到 100%;相对于其他大部分多播方案,时延也有较大的降低。

5.3.2   环结构

现有的应用层多播技术主要基于多播树,除了多播树还有多种考虑,如环结构。环结构相对于树结构有着它独到的优点:宜于构造;具有内在的可靠性和容错特性,ACK 需要量小;双环结构自动提供冗余备份,避免单点失效问题;所有结点都参与复制和转发数据。但它也有自己的缺点:可扩缩性差,传输路径长,时延较大,实时性差。

在环结构中,环首(leader)定期沿着环中路径发送查询信息,环中结点收到后,就将自己的 ID 加到该信息中,然后继续向下面一个结点转发,当查询信息再回到环首时,环首就得到了环中所有成员的列表。环中的每个结点都运行一个HELLO 协议,每隔一段时间就向它的前任及后继结点发送一条 HELLO 信息,以确保前任、后继结点是否仍在环中,同时获得前任的前任以及后继的后继的信息,如果接收不到回复,就认为结点或链路失效,需要通过与前任的前任或后继的后继建立联系以对环进行修复。环一般采取双向传输,双向环结构可以很容易处理单点失效问题,但对于多点失效问题,只能靠其他恢复机制来解决。

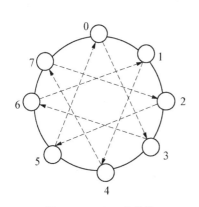

图 5 - 14   VRING 结构

在环结构中,为了克服它的缺点,采用了多种方案,比如 VRING,在 VRING 结构中,除了通过原始边连接来建立虚拟环之外,还通过冗余边来提高性能,如图 5 - 14 所示。图中,实线为原始边,虚线为冗余边,组成员总数为 N,组成员 ID 按 $0 \sim N-1$ 的顺序进行标记,每个结点 i 与结点 $(i+|N|) \bmod N$ 建立一条冗余边,如 $(0, 3)$、$(1, 4)$。

在数据传输的过程中,沿原始边接收到的数据同时从原始边和冗余边转发,沿冗余边接收到的数据只沿冗余边转发。VRING 的结构使环的

直径相当于|N|,加快了数据的转发,而且在一定程度上减少了结点失败造成的损失,但是在多个结点失败的情况下,还是容易发生丢包,不太适合大规模的应用层多播网络。

在结点增加的情况下,不可能只维持一个单环,必须在单环基础上进行扩展,这就产生了多环的构想。多环的类型包括共享节点型、共享边型、既不共享边也不共享节点型(通过桥连接)等,环虽然有很多优点,但一旦要把环结合起来形成多环,会造成环环相扣局面,环首的选举与罢免,环的分裂组合都是相当麻烦的事情,而且环首失效造成的数据丢失会对整个多播系统造成很严重的损害。所以现在倾向于树环相结合型,这是因为树的结

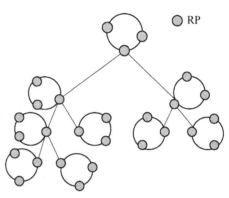

图 5‑15　树环结合结构

构相对成熟,这样可以把树、环的优点结合起来。图 5‑15 为树环结合结构图。

在树环结合结构中,RP(rendezvous point)首先以数据发送源为中心,对区域进行划分,每个区域中成员在本地组成环,选举一个区域负责人,也就是该区域的环首,同时还要选举一个副环首,作为环首失效时的接替者,如果该区域只有一个成员,则它就是这个区域的环首。

每个环首需要向 RP 进行注册,RP 将每个环首的信息保存在它的环首列表中,RP 再根据这些环首的信息,以发送源为树根,将它们组成一棵二叉树。每个区域的环首要定期向 RP 发送刷新信息,RP 长时间没有收到区域环首的刷新信息,RP 就认为该区域的环首已经离开,这时的副环首也应该得到环首离开的信息,在得到副环首请求后 RP 将该区域的副环首设置为环首,然后该环重新选举出一个副环首。RP 定期将新的环首成员列表发送给每个环首,每个环首根据新的成员列表定期向其他环首发送 CONNECT 信息,以便一段时间后,从发送源开始重新进行多播树的构建。这样,每个环的环首构成一棵多播树,整个树的结点也就是环首由 RP 控制,树的每个结点管理自己的环。在这种结构中可以将每个环看作一个结点,环首之间的数据传输和树完全一样,环内部又和单环一样,既降低了多播树的高度,避免了由于结点过多而导致的树高度太大的缺点,又利用了环的易于构造和容错、可靠性高等优点。当然这种结构的环首相对于完全树结构中的结点来讲更加重要,因为每个环首相当于一个非常大的子树的根结点,如果它接收不到数

据,它所管理的环中结点都将接收不到数据。

5.3.3　环结构上的随机转发

利用随机转发可以对环结构进行改造。首先来看单环,单环结构中不建立固定的冗余边,这样就不需要固定的 N,不需要计算哪两个结点之间该建立冗余边,采用随机转发技术,每个结点主动小概率地随机选择交叉边来转发数据。随机结点的选择可以采取与多播树情况相类似的方法,结点随机发送有 TTL 的发现信息给它的邻结点,每一跳 TTL 都减少,当 TTL 为 0 时,选为随机转发结点,这样这个结点就可以与该随机结点建立交叉边,进行数据转发。接收到数据的随机结点维持一个小的冗余抑制缓存,利用分组的序号来抑制冗余数据的接收与转发,如果接收的数据为冗余数据则丢弃,如果为未接收过的数据则保留并转发给后继结点。这样在数据传递过程中,后继的结点可能在前面结点之前就接收到数据,在最夸张的情况下,可能最后一个结点先于第二个结点接收到数据,这样极大降低了环中结点接收数据的时延,而且由于随机转发,降低了环中结点退出和结点失败对环的影响,在多个结点失败的情况下,仍可以以较大的概率交付数据,这一点是 VRING 做不到的,VRING 只适合较小的多播网络,而且要求结点比较稳定,很少结点失败或退出,采用随机转发的弹性多播技术很好地解决了大规模的网络和结点失败退出的问题。

在树环结构中,采用主动随机转发机制,可以以较小的额外花销换得数据交付率的很大提高。在环首方面,每个环首可以采取小概率的随机转发的方式主动地向其他环首转发数据分组,接收方若已接收过相同数据,则丢弃冗余数据,如未接收过,则向自己所管理的环内结点以及下游的环首转发,这样就避免了由于某一环首失效而导致它的下游环首无法接收数据,这种情况类似于在树结构中采取的随机转发技术,只是相对于所有结点均参与构成多播树来说,所有环首构成了一棵相对小的多播树,根据上文的分析,显然,采用这种技术,可以在环首数据交付率以及时延的各个方面都有很大提高,尤其是交付率方面性能的提高是显而易见的。

同时,环首还可以小概率地和其他环中的非环首结点建立随机连接,使不同环中结点自身环的环首失效的情况下仍能接收数据,这就相当于一棵子树的根结点失效时,子树外结点向该子树中结点转发数据。在树结构中,根结点失效的子树中结点可重新构建子树,那么环结构中,就是重新构建环。特别的是,当这种随机边优先与副环首(环首失效后,替补为新环首的环中结点)建立时,可以使环首的副环首及时发现环首的不正常状态,及时建立以自己为环首的新环并与上层结构建立联系。当然,不排除这样一种情况,就是不同环内的非环首结点之间也可以建立这种随机转发机制,不过这种方式相对于环首与其他环中结点建立连接来说意义不大,因为毕竟环首的数据交付性能肯定要比普通结点要高得多,否则它也不会被选为环首了。这样,环首间、环首与其他环的环内结点间以及同一环内结点之间,不同环内结点之间这 4 种主动随机转发机制,为应用层多播环结构方案提供了低开销、低时延、高数据交付率。

中英文名词对照

第 1 章

DIS(Distributed Interactive Simulation)：分布式交互仿真

MBone (Multicast Backbone)：多播骨干网

Internet：互联网

IGMP (Internet Group Management Protocol)：互联网组管理协议

RFC(Request For Comments)：请求评论

DVMRP (Distance Vector Multicast Routing Protocol)：距离向量多播路由选择协议

RPF (reverse path forwarding)：反向路径转发

MOSPF(Multicast Open Shortest Path First)：开放最短路径优先的多播扩展

CBT(Core Based Tree)：基于核心的转发树

PIM(Protocol-Independent Multicast)：协议无关多播协议

PIM-DM(Protocol-Independent Multicast-Dense Mode)：稠密模式协议无关多播协议

PIM-SM(Protocol-Independent Multicast-Sparse Mode)：稀疏模式协议无关多播协议

IP(Internet Protocol)：网际协议

UDP(User Datagram Protocol)：数据报协议

SRM(Scalable Reliable Multicast)：可扩缩可靠多播

MFTP(Multicast File Transfer Protocol)：多播文件传输协议

Dijkstra：迪杰斯特

ARQ(Automatic Repeat-reQuest)：自动重传请求

FEC(Forward Error Correction)：前向纠错

ACK (Acknowledge character)：确认应答

NAK (Negative Acknowledgment)：否定应答

MAC (Message Authentication Code)：消息认证码

IETF(The Internet Engineering Task Force)：互联网工程任务组

Byzantine：拜占庭

NPC (Non-deterministic Polynomial Complete)：不确定多项式时间完全问题

PET (Priority Encode Transfer)：优先级编码传输

第 2 章

RPB(Reverse Path Broadcasting)：反向路径广播

TRPB(Truncated Reverse Path Broadcasting)：带修剪的反向路径广播

RPM(Reverse Path Multicasting)：反向路径多播算法

MSTH(Minimum Spanning Tree Heuristic)：最小生成树启发式算法

MPH(Minimum Cost Paths Heuristic)：最小代价路径启发式算法

DDMC(Destination-driven low-cost multicast)：目的驱动低代价多播

MCTH (Minimum Cost to Tree Heuristic)：近似最小代价的多播路由算法

Steiner：斯坦纳

BSMA(Bounded Shortest-path Multicast Algorithm)：有界的最短路径多播算法

DLMR (Delay-constrained Low-cost Multicast Routing)：时延有界的低代价多播路由

第 3 章

TCP (Transmission Control Protocol)：传输控制协议

HTTP (HyperText Transfer Protocol)：超文本传输协议

FTP (File Transfer Protocol)：文件传输协议

RLM(Receiver-driven Layered Multicast)：收方驱动的分层多播

RLC(Receiver-driven Layered Congestion control)：收方驱动的分层拥塞控制

DSG(Destination Set Grouping)：目标集分组

LVMR(Layered Video Multicast with Retransmission)：使用重传的分层视频多播

MLDA (Multicast enhanced Loss-Delay based Adaptation algorithm)：基于多播丢失与时延信号的适应算法

RTT (Round-Trip Time)：往返时间

RTCP(Real-time Transport Control Protocol)：实时传输控制协议

ECN (Explicit Congestion Notification)：显式拥塞通知

FLID-DL(Fair Layered Increase/Decrease with Dynamic Layering)：动态分层的公平分层增减

GPS(Generalized Processor Sharing)：广义处理器共享

AIMD(Additive Increase Multiplicative Decrease)：慢增快减

RED(Random Early Detectio)：随机早期检测

VQ(Virtual Queue)：虚拟队列

RLA(Random Listening Algorithm)：随机监听算法

LPM(Loss Path Multiplicity)：丢失路径多样性

Lagrangian：拉格朗日

第 4 章

GKMP (Group key management protocol)：组密钥管理协议

GKP(Group Key Packet)：组密钥包

GKEK(Group Key encryption key)：组密钥加密密钥

SMKD(Scalable Multicast Key Distribution)：可扩缩的多播密钥分发协议

KME (Key management entity)：密钥管理实体

GSA(Group Security Agent)：组安全代理

DEP (Dual Encryption Protocol)：对偶加密协议

GKS(Group Key Server)：组密钥服务器

LKH (Logical Key Hierarchy)：逻辑密钥层次结构

OFT (One-way Function Trees)：单向函数树方案

TGDH(Tree based Diffie Hellman)：基于树的 DH 密钥协商协议

Iolus：伊奥劳斯

GDH(Group Diffe-Hellman)：组 DH 密钥协商协议

AFTD (Authenticated Fault-tolerant Tree-based Diffie-Hellman key agreement protocol)：基于认证容错树的 Diffie-Hellman 密钥协商协议

VSS(Verifiable secret sharing)：可验证的秘密共享

SGM(Sub-Group Manager)：子组管理器

RSA：第一个公钥密码体制

DSS(Digital Signature Standard)：数字签名标准

第 5 章

Narada：第一个网格状优先应用层多播协议

Yoid：第一个树状优先应用层多播协议

Scribe：一种大规模分散的应用层多播播基础设施

AOM (Adaptive Overlay Multicast)：自适应覆盖多播

HMTP (Host Multicast Tree Protocol)：主机多播树协议

CAN-Multicast (Content-Addressable Network Multicast)：内容寻址多播网络

NICE：第一个隐式法应用层多播协议

VRing(Virtual ring)：虚拟环协议

MVR(multiring virtual ring)：多环虚拟环

中英文人名对照

Deering：迪林

Fermat：费马

Karp：卡普

Jacobson：雅各布森

Hardjono：哈尔佐诺

Ballardie：巴拉迪

Judge：贾奇

Gennaro：热纳罗/真纳罗

Wong：翁

Griffin：格里芬

Rohatgi：罗哈吉

Canetti：卡内蒂

Perrig：佩里

Barnes：巴恩斯

Bauer：鲍尔/包尔

Waxman：韦克斯曼

Salama：萨拉马/萨拉姆

Rubenstein：鲁本斯坦

Legout：勒古

Mahdavi：马赫达维

Floyd：弗洛伊德

Vicisano：维西萨诺

Ammar：阿马尔

Bhattacharyya：巴塔查里亚

Montgomery：蒙哥马利

Sano：萨诺

Kelly：凯利/克利/凯莉

Wischik：威斯奇克

Laevens：莱文斯

Gibbens：吉本斯

MacKie-Mason：麦凯·梅森/麦凯·马松

Rizzo：里索

Chiu：基乌

Golestani：戈列斯塔尼

Basu：巴苏

Yang：扬

Ramakrishnan：拉马克里希南

Varian：瓦里安

Harney：哈尼

Balenson：巴伦森

Shamir：沙米尔

Blakley：布莱克利

Simmons：西蒙斯

Harn：哈恩/汉

McGrew：麦格鲁

Sherman：舍曼

Li：利

Karnin：卡尔宁

Capocelli：卡波切利

Kurosawa：黑泽

Asmuth：阿斯穆特

Ito：伊托

Stinson：斯廷森

Chaudry：乔杜里

Charnes：查恩斯

Blundo：布伦多

Tompa：通帕/通保

Staddon：斯塔登

Feldman：费尔德曼

Rabin：雷宾/拉班/拉宾

参考文献

[1] H. Eriksson. MBone: the Multicast backbone [J]. Communications of the ACM, 1994,37 (8): 54 – 60.

[2] S. Deering and D. Cheriton, Multicast routing in Datagram Internetworks and Extended LANs [J]. ACM Transaction on Computer systems, 1990,8(2): 85 – 110.

[3] W. Fenner. IETF RFC 2236. Internet Group Management Protocol, Version 2 [S]. 1997.

[4] B. Cain, S Deering, I Kouvelas, B Fenner, A Thyagarajan. IETF RFC 3376. Internet group management protocol, Version 3 [S]. 2002.

[5] S. Deering. C. Partridge, and Waitrman. IETF RFC 1075. Distance vector multicast routing protocol [S]. 1988.

[6] J, Moy. Multicast routing extensions for OSPF [J]. Communications of the ACM, 1994, 37[8]: 61 – 66.

[7] A, Ballardie, J. Croweron, and P. Francis. Core based trees (CBT)-An architecture for scalable interdomain multicast routing [C]. Proceeding of the ACM SIGCOMM'93, Oct, 1994: 85.

[8] A. Ballardie. IETF RFC 2201. Core Based Trees(CBT) Multicast routing architecture [S]. 1997.

[9] S, Deering, D, Estrin, D, Farinaccl, V, Jacobson, C, Liu, and L. Wei. An architecture for wide-area multicast routing [C]. Proceeding of the ACM SIGCOMA/94,1994: 126.

[10] D. Pendarakis, S. Shi, D. Verma, and M. Waldvogel. ALMI: An application level multicast infrastructure [C]. Proceeding of USENIX Symposium on Internet Technologies and Systems. 2001: 49.

[11] Yang-hua Chu, Sanjay G. . Rao, Srinivasan Seshan and Hui Zhang. A Case for End System Multicast [J]. IEEE Journal on Selectied Areas in Communication, 2002,20(8): 1456 – 1471.

[12] C. Diot, B. N. Levine, B. Lyles, et al. Deployment Issues for the IP Multicast Service and Architecture [J]. IEEE Network, 2000,14(1): 78 – 88.

[13] S. Banerjee, B. Bhattacharjee, and C. Kommareddy. Scalable application layer multicast [J]. ACM SIGCOMM Computer Communication Review. 2002,32(4): 205 – 217.

[14] S. Kandula, J. -K. Lee, and J. C. Hou. LARK: A light-weight resilient application-level multicast protocol [C]. Proceedings of IEEE 18th Annual Workshop on Computer Communications. 2003: 201.

［15］ Y. Chawathe. Scattercast: An Architecture for Internet Broadcast Distribution as an Infrastructure Service ［D］. University of California, Berkeley, 2000.

［16］ P. Francis. white paper http://www. aciri. org/yoid/. Yoid: Extending the multicast Internet architecture ［S］. 1999.

［17］ 叶保留,李春洪,姚键,等.应用层组播研究进展［J］.计算机科学,2005,32(6):6－10.

［18］ R. M. Karp, Reducibiliy among combinatorial problem ［J］. Millers and Thatcher, 1972: 85－104.

［19］ V. Jacobson. Congestion Avoidance and Control ［J］. ACM SIGCOMM Computer Communication Review, 1988,18(4):314－329.

［20］ L. Qiao and K. Nahrstedt. A New Algorithm for MPEG Video Encryption ［C］. Proceedings of the 1st International Conference on Imaging Science, Systems and Technology (CISST'97),1997:21.

［21］ Changgui Shi, Bharat Bhargava. An efficient MPEG video encryption algorithm ［C］. Proceedings of the 6th ACM International Multimedia Conference, 1998:381.

［22］ Shujun Li, Xuan Zheng Xuanqin Mou and Yuanlong Cai. Chaotic Encryption Scheme for Real-Time Digital Video ［C］. Proceedings of The International Society for Optical Engineering, 2002:149.

［23］ M. Hofmann. A Generic Concept for Large-scale Multicast ［C］. Proceedings of International Zurich Seminar on Digital Communications (IZS'96),1996:95.

［24］ S. J. Wee and J. G. Apostolopoulos. Secure Scalable Streaming Enabling Transcoding Without Decryption［C］. IEEE Int. Conf. Image Processing, Thessaloniki, Greece, 2001: 437.

［25］ C. Yuan, B. B. Zhu, Y. Wang, S. Li, and Y. Zhong. Efficient and fully scalable encryption for MPEG-4 FGS ［C］. Processings of IEEE Int. Symp. Circuits and Systems, 2003:620.

［26］ D. Naor and M. Naor and J. B. Lotspiech. Revocation and tracing schemes for stateless receivers ［C］. In advances in cryptology — CRYPTO 2001, LNCS 2139,2001:41

［27］ Himanshu Khurana, Rafael Bonilla, Adam J. Slagell, et al. Scalable Group Key Management with Partially Trusted Controllers ［C］. Processings of 4th International Conference on Networking, 2005:17

［28］ D. Rubenstein, J. Kurose and D. Towsley. Real-time Reliable Multicast Using Proactive Forward Error Correction ［D］. Amherst: University of Massachusetts, 1998

［29］ B. Wang and J. C. Hou. Multicast Routing and Its QoS Extension: Problems, Algorithms, and Protocols ［J］. IEEE Networks, 2000,14(1):22－36.

［30］ 徐明伟,董晓虎,徐恪.多播密钥管理的研究进展［J］.软件学报,2004,15:141－150.

［31］ T. Hardjono and B. Cain. Key Establishment for IGMP Authentication in IP Multicast ［C］. IEEE Universal Multiservice Networks, 2000:247.

［32］ A. Ballardie and J. Crowcroft. Multicast-Specific Security Threats and Countermeasures ［C］. Proceedings of ISOC Symp Networks and Distributed System and Security, 1995:2.

［33］ P. Q. Judge and M. H. Ammar. Gothic: Group Access Control Architecture for Secure Multicast and Anycast ［C］. Proceedings of Twenty-First Annual Joint Conference of the

IEEE Computer and Communications Societies，2002：1547.

[34] R. Gennaro and P. Rohatgi. How to Sign Digital Streams ［J］. Information and Computation 1997,165(1)：100 – 116.

[35] C. Wong and S. Lam. Digital Signatures for Flows and Multicasts ［J］. IEEE/ACM Transactions on Networking. 1999,7(4)：502 – 513.

[36] S. Griffin，B. DeCleene，L. Dondeti，et al. Hierarchical Key Management for Mobile Multicast Members ［D］. Technical Report，Northrop Grumman Information Technology，2002.

[37] P. Rohatgi. A Compact and Fast Hybrid Signature Scheme forMulticast Packet Authentication ［C］. Proceedings of the 6th ACM conference on Computer and communications security. 1999：93.

[38] R. Canetti. Multicast Security：A Taxonomy and Efficient Constructions ［C］. IEEE INFOCOM，1999：706.

[39] Y. K. Dalal and R. M. Metcalfe. Reverse path forwarding of broadcast packets ［J］. Communications of the ACM. 1978,21(12)：1040 – 1048.

[40] P. Winter. Steiner problem in networks：a survey ［J］. Nerworks, 1987,17(2)：129 – 167.

[41] F. K Hwang and D，S. Richards. Steiner tree problems ［J］. IEEE Nerworks. 1992,22(1)：55 – 89.

[42] H. Takahashi and A. Matsuyama. An approximate solution for the problem in graphs ［J］. Math. Japonica, 1980,24(6)：573 – 577.

[43] L Kou，G，Markowsky，and L. Berman. A fast algorithm for Steiner trees in graphs ［J］. Acta Info. ，1981,15(2)：141 – 145.

[44] A Shaikh and K. Shin. Destination-driven routing for low-cost multicast ［J］. IEEE J Selected Area Communication，1997,15(3)：373 – 381.

[45] 杨明,谢希仁. 一种快速的近似最小代价多播路由算法 MCTH ［J］. 东南大学学报,1999, 29(3)：95 – 100.

[46] T. Maufer and C. Semeria. Intemet Draft-ietf-mboned-intro-multicast-03. Txt. Introduction to IP multicast routing ［S］. 1997

[47] B. M. Waxman. Routing of multipoint connections ［J］. IEEE J Selected Area Comm， 1988. 6(9)：1617 – 1622.

[48] V. P. Kompella，J. C. Pasqual，and G. C. Polyzos. Multicast routing for Multimedia Communication ［J］. IEEEACM Trans. on Networking. 1993.1(3)：286 – 292.

[49] Q. Zhu，M. Parsa and J. J. Garcia-Luna-Aceves. A source-based algorithm for delay-constrained minimum-cost multicasting ［C］. Proceedings of IEEE INFOCOM95 1995：452.

[50] H. F. Salama，D. S. Reeves，and Y. Viniotis. Evaluation of multicast routing algorithms for real-time communication on high-speed networks ［J］. IEEE J Selected Area Comm， 1997,15(3)：332 – 345.

[51] 杨明,谢希仁. 一个快速的时延有界低代价多播路由算法［J］. 计算机研究与发展,2000,37(6)：726 – 730.

[52] S. Shenker. Making greed work in network: a game-theoretic analysis of switch service disciplines [C]. SIGCOMM Symposium on Communications Architectures and Protocols, 1994: 47.

[53] M. H. Ammar. Probabilistic Multicast: Generalizing the Multicast Paradigm to Improve Scalability [C]. Proceedings of IEEE INFOCOM'94,1994: 848.

[54] S. McCanne, V. Jacobson, and M. Vetterli. Receiver-driven layered multicast [C]. Proceedings of ACM SIGCOMM'96,1996: 117.

[55] S. Cheung, M. H. Ammar, and X. Li. On the use of destination set grouping to improve in multicast video distribution [C]. Proceedings of IEEE INFOCOM'96,1996: 553.

[56] X. Li, S. Paul, and M. H. Ammar. Layered Video Multicast with Retransmission (LVMR): Evaluation of Hierarchical Rate Control [C]. Proceedings of 7th International Workshop on Network and Operating System Support for Digital Audio and Video (NOSSDAV'97),1997: 161

[57] D. Rubenstein, J. Kurose and D. Towsley. The impact of multicast layering on network fairness [J]. IEEE/ACM Transactions on Networking. 2002,10(2): 169 – 182.

[58] T. Jiang, M. Ammar, and E. Zegura. Inter-receiver fairness: a novel performance measure for multicast ABR sessions [C]. Proceedings of ACM Sigmetrics'98,1998: 202.

[59] A. Legout, J. Nonnenmacher, and E. Biersack. Bandwidth allocation policies for unicast and multicast flows [J]. IEEE/ACM Transactions on Networking, 2001,9(4): 464 –478.

[60] J. Mahdavi and S. Floyd. TCP-friendly unicast rate-based flow control. Note sent to end2end-interest mailing list, 1997.

[61] S. Floyd and K. Fall. Promoting the use of end-to-end congestion control in the Internet [J]. IEEE/ACM Transactions on Networking. 1999,7(4): 458 – 472.

[62] H. Wang and M. Schwartz. Achieving bounded fairness for multicast TCP traffic in the Internet [C]. Proceedings of the ACM SIGCOMM'98 conference on Applications, 1998: 81.

[63] L. Vicisano, L. Rizzo, and J. Crowcroft. TCP-like congestion control for layered multicast data transfer [C]. Proceedings of IEEE INFOCOM'98. 1998: 996.

[64] S. Bhattacharyya, D. Towsley, and J. Kurose. The Loss Path Multiplicity Problem for Multicast Congestion Control [C]. Proceedings of IEEE INFOCOM'99,1999: 35.

[65] T. Montgomery. A loss tolerant rate controller for reliable multicast [D]. West Virginia University, 1997.

[66] T. Sano, N. Yamanouchi, T. Shiroshita, and O. Takahashi. Flow and congestion control for bulk reliable multicast protocols toward coexistence with TCP [C]. RM meeting, 1997.

[67] D. Sisalem and A. Wolisz. MLDA: A TCP-friendly congestion control framework for heterogeneous multicast environments [C]. Eighth International Workshop on Quality of Service, 2000: 65.

[68] K. K. Ramakrishnan and S. Floyd. IETF RFC 2481. A proposal to add Explicit Congestion Notification (ECN) to IP [S]. 1999.

［69］S. Kunniyur and R. Srikant. End-to-end congestion control schemes: Utility functions, random losses and ECN marks［J］. IEEE/ACM Transactions on Networking. 2003,11 (5): 689-702.

［70］F. P. Kelly, A. K. Maulloo, and D. H. K. Tan. Rate control in communication networks: Shadow prices, proportional fairness, and stability［J］. The Journal of the Operational Research Society. 1998,49(3): 237-252.

［71］D. Wischik. How to mark fairly［C］. Workshop on Internet Service Quality Economics. 1999.

［72］K. Laevens, P. Key and D. McAuley, An ECN-based end-to-end congestion-control framework: experiments and evaluation［D］. Microsoft Research MSR-TR-2000-104,2000

［73］R. J. Gibbens and P. Key. Distributed control and resource marking using best-effort routers［J］. IEEE Network, 2001,15(3): 54-59.

［74］A. Mankin, et al, IETF RFC 2357. IETF Criteria for Evaluating Reliable Multicast Transport and Application Protocols［S］. 1998.

［75］J. K. Mackie-Mason and H. Varian. Pricing the Internet［M］. New Jersey: Prentice-Hall, 1994.

［76］L. Rizzo. Fast group management in IGMP［C］. Hipparch Workshop, 1998: 32.

［77］J. Byers G. Horn, M. Luby, et al. FLID-DL: Congestion for layered multicast［J］. IEEE Journal on Selected Areas in Communications, 2002,20(8): 1558-1570.

［78］S. Floyd and V. Jacobson. Random early detection gateways for congestion avoidance［J］. IEEE/ACM Transaction on Networking, 1993,1(4): 397-413.

［79］B. Braden et al. IETF RFC 2309. Recommendations on Queue Management and Congestion Avoidance in the Internet［S］. 1998.

［80］F. P. Kelly. Mathematical modelling of the Internet［C］. Proceedings of the Fourth International Congress on Industrial and Applied Mathematics, 1999.

［81］J. Padhye, J. Kurose, D. Towsley, and R. Koodli. Modeling TCP throughput: a simple model and its empirical validation［C］. SIGCOMM Symposium on Communications Architectures and Protocols, 1998: 303.

［82］D. Chiu and R. Jain, Analysis of the Increase and Decrease Algorithms for Congestion Avoidance in Computer Networks［J］. Computer Networks and ISDN Systems, 1989,9 (1): 2-13.

［83］S. J. Golestani and K. Sabnani. Fundamental Observations on Multicast Congestion Control in the Internet［C］. Proceedings of Infocom'99,1999: 990.

［84］A. Basu and S. Golestani. Estimation of Receiver Round Trip Times in Multicast Communications［C］. RMRG meeting Dec. 1998.

［85］D. Estrin, D. Farinacci, A. Helmy, D. Thaler, S. Deering, et al. IETF RFC 2117. Protocol Independent Multicast-Sparse Mode (PIM-SM): Protocol Specification ［S］. 1997.

［86］Y. R. Yang and S. S. Lam. General AIMD Congestion Control［C］. Proceedings of 2000 International Conference on Network Protocols. 2000: 187.

［87］ 杨明,张福炎. 基于 AIMD 算法的分层多播拥塞控制［J］. 计算机学报,2003,26(10)：1274 - 1279.

［88］ 杨明,张福炎. 基于 ECN 的单播流与多播流间带宽共享算法［J］. 计算机科学,2003,30(10)：109 - 112.

［89］ J. Nonnenmacher and E. W. Biersack. Optimal multicast feedback［C］. Proceedings of IEEE Infocom, 1998：964.

［90］ L. Rizzo. Fast group management in IGMP［C］. In Hipparch Worksop, 1998：32.

［91］ 杨明,张福炎. 分层迁移：层多播拥塞控制中的快速响应方法［J］. 计算机科学,2003,30(2)：69 - 71.

［92］ H. Harney and C. Muckenhirn. IETF RFC 2093. Group key management protocol (GKMP) specification［S］, 1997.

［93］ H. Harney and C. Muckenhirn. IETF RFC 2094. Group key management protocol (GKMP) architecture［S］. 1997.

［94］ T. Ballardie. IETF RFC 1949. Scalable multicast key distribution［S］. 1996.

［95］ D. Wallner, E. Harder, and R. Agee. IETF Draft-wallner-key-arch-01. txt. Key management for multicast：Issues and architectures［S］. 1998.

［96］ S. Mittra. The Iolus framework for scalable secure multicasting［C］. Proceedings of ACM SIGCOMM'97, 1997：277.

［97］ L. R. Dondeti, S. Mukherjee, and A. Samal. A dual encryption protocol for scalable secure multicasting［C］. Fourth International Symposium on Computer and Communications, 1999：2.

［98］ H. Harney and E. Harder. IETF Draft-harney-sparta-gkhp-sec * 00. txt. Logical Key Hierarchy (LKH) protocol［S］. 1999.

［99］ C. K. Wong, M. Gouda, and S. Lam. Secure group communications using key graphs［J］. IEEE/ACM Transactions on Networking, 2000,8(1)：16 - 30.

［100］ D. Balenson, D. McGrew, and A. Sherman. IETF Draft-balenson-groupkeymgmt-oft-00. txt. Key management for large dynamic groups：One-way function trees and amortized initialization［S］. 1999.

［101］ A. Shamir. How to share a secret［J］. Communications of the ACM, 1979,22(11)：612 - 613.

［102］ G. R. Blakley. Safeguarding cryptographic keys［C］. Proceedings of AFIPS 1979 National Computer Conference, 1979：313.

［103］ G. J. Simmons. How to (really) share a secret［C］. Proceedings of Crypto'88. 1989：390.

［104］ B. Blakley, G. R. Blakley, A. H. Chan and J. L. Massey. Threshold schemes with disenrollment［C］. Abstracts of CRYPTO'92, 1992：540.

［105］ C. Charnes, J. Pieprzyk and R. Safavi-Naini. Conditionally secure secret sharing schemes with disenrollment capability［C］. Procecddings of the 2nd ACM conference on Computer and Communications Security, 1994：89.

［106］ G. J. Simmons. Contemporary Cryptology［M］. IEEE Press, 1991.

［107］ L. Harn, T. Hwang, C. Laih, and J. Lee. Dynamic threshold scheme based on the definition of cross-product in a N-dimensional linear space ［C］. in Advances in Cryptology — Eurocrypt'89, Lecture Notes in Computer Science, vol. 435,1990: 286.

［108］ R. Poovendran, S. Corson, and J. Baras. A shared key generation procedure using fractional keys ［C］. IEEE Milcom '98,1998: 1038.

［109］ C. Blundo, A. D. Santis, A. Herzberg, S. Kutten, U. Vaccaro, and M. Yung. Perfectly-secure key distribution for dynamic conferences ［J］. Information and Computation, 1998,146(1): 1 - 23.

［110］ O. Rodeh, K. Birman, and D. Dolev. Optimized Group Rekey for Group Communication System ［D］. Hebrew University. 1999.

［111］ L Donteti, L. Mukherjee, and A. Samal. A Distributed Group Key Management Scheme for Secure Many-to-Many Communication ［D］. Department of Computer Science, University of Maryland. 1999.

［112］ W. Diffie and M. Hellman. New Directions in Cryptography ［J］. IEEE Transactions of Information Theory, 1976,22(6): 644 - 654.

［113］ M. Setiner, Q. Taudik, and M. Waidnet. Cliques: A New Approach to Group Key Agreement ［D］. IBM Research. 1997.

［114］ Y. Kim, A. Perrig, and G. Tsudik. Simple and Fault Tolerant Key Agreement for Dynamic Collaborative ［C］. Proceedings of the 7th ACM Conf. on Computer and Communications Security, 2000: 235.

［115］ L. Zhou and C. V. Ravishankar. Efficient Authenticated and Fault-Tolerant Key Agreement for Dynamic Peer Groups ［C］. NETWORKING, 2004: 759.

［116］ X. Zou. A Block-Free TGDH Key Agreement Protocol for Secure Communicaitons ［C］. IEEE Symposium on Privacy and Security, 2003.

［117］ E. F. Brickell and D. R. Stinson. Some improved bounds on the information rate of perfect secret sharing schemes ［J］. Journal of Cryptology, 1992,5: 153 - 166.

［118］ R. M. Capocelli, A. De Santis, L. Gargano and U. Vaccaro. On the size of shares in secret sharing schemes ［J］, Journal Cryptology, 1993,6: 157 - 167.

［119］ K. Kurosawa and K. Okada. Combinatorial lower bounds for secret sharing schemes ［J］. Information Processing Letters, 1996,60: 301 - 304.

［120］ C. A. Asmuth and J. Bloom. A modular approach to key safeguarding ［J］. IEEE Transactions on Information Theory, 1983,29: 208 - 210.

［121］ E. D. Karnin, J. W. Greene and M. E. Hellman. On secret sharing systems ［J］. IEEE Transactions on Information Theory, 1983,29: 35 - 41.

［122］ M. Ito, A. Saito and T. Nishizeki. Secret sharing scheme realizing general access structure ［C］, Proceedings of the IEEE Global Telecommunications Conference, 1987: 99.

［123］ D. R. Stinson and S. A. Vanstone. A combinatorial approach to threshold schemes ［J］, SIAM Journal of Discrete Mathematics, 1988,1: 230 - 236.

［124］ G. R. Chaudry and J. Seberry. Secret sharing schemes based on Room squares, Proceedings of DMTCS'96,1996: 158.

［125］ C. Blundo, A. Cresti, A. D. Santis, and U. Vaccaro. Fully dynamic secret sharing schemes [J]. Theoretical Computer Science, 1996,165(2): 407－440.

[126] C. Cachin. On-line secret sharing [C]. Proceedings of the 5th IMA Conference on Cryptography and Coding, 1995: 190.

[127] R. G. E. Pinch. Online multiple secret sharing [J]. Electronics Letters, 1996,32(12): 1087－1088.

[128] M. Tompa and H. Woll. How to share a secret with cheaters [C]. CRYPTO'86, 1986: 103.

[129] Fiat and M. Naor. Broadcast encryption [C], Proceeding of advances in cryptology — CRYPTO'93,1993: 480.

[130] M. Abdalla and Y. Shavitt and A. Wool. Key management for restricted using broadcast encryption [J], IEEE/ACM Transactions on Networking, 2000,8: 443－454.

[131] B. Chor, A. Fiat and M. Naor. Tracing traitors [C], Proceedings of Advances in Crytptology — CRYPTO'94,1994: 257.

[132] M. Naor and B. Pinkas. Financial Cryptography [M], Springer Verlag, 2000.

[133] D. Naor and M. Naor and J. B. Lotspiech. Revocation and tracing schemes for stateless receivers [C]. Proceedings of advances in cryptology-CRYPTO '01,2001: 59.

[134] J. Staddon, S. Miner, M. Franklin, D. Balfanz, M. Malkin, and D. Dean. Self-healing key distribution with revocation [C]. Proceedings of IEEE Symposium on Security and Privacy, 2002: 241.

[135] Yang Ming. An Unconditionally Secure Multi-round Revocation Scheme Using Secret Sharing [C]. Proceedings of IASTED International Conference on Communications and Computer Networks, 2005: 31.

[136] D. A. McGrew, and A. T. Sherman. Key Establishment in Large Dynamic Groups Using One-Way Function Trees [D]. Glenwood MD, TIS Labs at Network Associates, 1998.

[137] 杨明,肖扬,吕珊珊. 安全的分散式多播密钥管理方案[J],解放军理工大学学报,2008,9 (1): 20－24.

[138] J. Reynolds, J. Just, E. Lawson, L. Clough, and R. Maglich. The Design and Implementation of an Intrusion Tolerant System [C], Proceedings of the 2002 International Conference on Dependable Systems and NetworksJune, 2002: 285.

[139] A. Saidane, Y. Deswarte, and V. Nicomette. An Intrusion Tolerant Architecture for Dynamic Content Internet Servers [C]. ACM SSRS'03,2003: 110.

[140] M. O. Rabin. Efficient Dispersal of Information for Security, Load Balancing, and Fault Tolernance [J]. Journal of AGM, 1989. 36(2): 335－348.

[141] P. Beguin and A. Cresti. General Short Computational Secret Sharing Schemes [C]. Proceedings of International Conference on the Theory and Application of Cryptographic Techniques, 1995: 194.

[142] T. W. Kim, E. H. Kim, and J. K. Kim. A Leader Election Algorithm in Distributed Computing System [C]. Proceedings of the 5th IEEE Workshop on Future Trends of Distributed Computing Systems (FTDCS '95),1995: 481.

[143] C. Fetzer and F. Cristian. A Highly Available Local Leader Election Service [J]. IEEE

Transactions on Software Engineering, 1999,25(5): 603-618.

[144] J. Jannotti, D. Gifford, K. Johnson, M. Kaashoek and J. O'Toole. Overcast: Reliable multicasting with an overlay network [C]. Proceedings of the 4th conference on Symposium on Operating System Design & Implementation, 2000: 230.

[145] S. Wu and S. Banerjee. Improving the performance of overlay multicast with dynamic adaptation [C]. First IEEE Consumer Communications and Networking Conference, 2004: 152.

[146] B. Zhang, S. Jamin and L. Zhang. Host multicast: A framework for delivering multicast to end users [C]. In Proceedings of IEEE INFOCOM'02,2002: 1366.

[147] S. Banerjee, B. Bhattacharjee. Analysis of the NICE Application Layer Multicast Protocol [D]. University of Maryland, College Park, 2002.

[148] M, Druschel, P, Kermarrec, A. M, Rowstron. Scribe: A large — scale and decentralized application-level multicast infrastructure [J]. IEEE Journal on Selected Areas in communications, 2002,20(8): 1489-1499.

[149] S. Ratnasamy, M. Handley, R. Karp. Application-level Multicast using Content-Addressable Networks [C]. Proceedings of 3rd International Workshop on Networked Group Communication, 2001.

[150] W. Aiello et al. Augmented Ring Networks [J]. IEEE Transaction on Parallel and Distributed Systems, 2001,12(6): 598-609.

[151] M. Junginger and Y. Lee. The Multi-Ring Topology High-Performance Group Communication in Peer-to-Peer Networks [C]. Proceedings of the 2nd Int'l. Conf. Peer-to-Peer Comp. , 2002: 49.

[152] Ahmed Sobeih, William Yurcik, Jennifer C. Hou. VRing: A Ring-based Application-Layer Multicast Protocol [D]. UrbanaChampaign, University of Illinois, 2004.

[153] J. Wang and W. Yurcik. A Multi-Ring Framework for Survivable and Secure Group Communications [C]. Command and Control Research and Tech. Symp. , 2004.

[154] J. Wang, W. Yurcik, Y. Yang and J. Hester. Multiring Techniques for Scalable Battlespace group ommunications [J]. IEEE Communications Magazine, 2005,43(11): 124-133.

[155] 刘洋志,肖扬,杨明. 一种基于树环结构的应用层多播协议[J]. 计算机科学,2008,35(6): 95-98.

[156] 童永,杨明,肖扬,刘洋志. 一种应用层组播可靠性技术研究[J]. 南京工业大学学报(自然科学版),2007,27(2): 25-29.

[157] B. Suman, L. Seungjoon, B. Bobby, et al. Resilient multicast using overlays [J]. IEEE/ACM Transaction Networking, 2006,14(2): 237-248.

[158] A. Perrig. Efficient and Secure Source Authentication for Multicast [C]. Proceedings of the Network and Distributed System Security Symposium, 2001.

索　引

后 记

本书最终写成颇有些不易,本书的成果来自我多年的持续不断的学习和研究,其中的困难和艰辛只有个人体验和承担,在家人、良师和益友的关心、帮助下不仅完成了学业,也在工作中做出了一点成绩。

多播研究是我攻读博士时的课题,当时国内研究甚少,我的导师谢希仁教授,虽然自己年岁已高,但仍对我进行悉心指导,无论在基础理论学习、论题确定、文章审阅,还是在论文的最终定稿,他都倾注了大量的时间和精力,使我顺利完成学业。之后,我进入南京大学计算机系进行博士后研究工作,继续从事多播拥塞方面的研究。在两年的研究工作中,我的导师张福炎教授对我的研究项目申请、课题研究等多方面进行悉心指导,我不仅顺利完成博士后研究工作,还开始承担国家和省自然科学基金项目的研究工作。在后面的工作中,我没有停步,继续在多播安全和应用层多播等方面深入开展研究工作,多年持续不断的研究积累,使我获得了更大的发展。当然,这一切离不开我心爱的妻子和她的家人的一贯支持,哪怕在经济拮据的时期,她们也依然拿出万元为我买电脑,支持我的学业和科研。

作者的研究获得国家自然科学基金项目"互联网上端到端多播拥塞控制算法研究"(项目号:60103013)和"基于秘密共享的可扩缩多播密钥管理算法及协议研究"(项目号:9030415),江苏省自然科学基金项目"Internet 视频分层多播传输技术研究"(项目号:BK2001035)和"基于环结构的应用层多播关键技术研究"(项目号:BK2006003)的资助,在此表示感谢。本书的部分研究成果源于研究团队的大力支持,他们是王小康、刘洋志、童永、肖扬、刘新星,我向他们表示由衷的感谢。另外,本书的出版依赖于三亚学院的大力资助,在此表示诚挚的感谢。

杨明

2019 年 7 月于南京